200道
健康咖哩輕鬆做

濃郁湯品×辛香料沙拉
開胃小點×美味麵食

contents
目錄

本書使用說明

1 已知食用堅果會產生過敏的人,應該避免含有堅果或堅果衍生物的食譜。

2 抵抗力較差的人,應該避免吃含有生蛋或沒煮熟的蛋的食物。

3 本書裡所有的食譜都標示了公制和英制的度量單位,請只使用一組度量單位,不要混和使用。

4 所有的食譜都是使用標準匙:
1 大匙 =15 毫升,1 小匙 =5 毫升。

5 烤爐應該預熱至特定溫度,如果使用風扇助力的烤爐,請遵照製造説明調整時間和溫度。

6 料理時應該使用新鮮的香草,除非食譜中另有説明。

7 蛋應該挑選中型的使用,除非食譜中另有説明。

前言

"Curry（咖哩）"源自於意指肉汁或醬汁的南印度泰米爾文字"kari"，字面上是指用來調味的香料混合物。這個字已經演變成為形容來自印度、東南亞甚至遠至日本等各地豐富多樣的含有醬汁、香料的菜肴。我們曾經用這個詞來形容一種經典美食，但是最近開始發現我們最喜愛的食物真正的多樣性，而且還見識到愈來愈多來自許多國家所提供的關於「咖哩」分類下的香料調味菜肴。

一般人認為咖哩是辛辣食物。沒錯，你可能會吃到辣到驚人的咖哩，但是整體而言，多數的咖哩烹調是精緻且非常深奧，蘊含一種香料和香草平衡的協調。

身為今日的美食愛好者，我們擁抱來自世界各地的咖哩食品，並讓它們成為大家最喜愛的食物之一。對我而言，沒什麼比得上烹煮一道味道濃郁、香氣四溢的咖哩，與朋友和家人分享，更令人滿足。而你需要的只有商店架上的香料和食材、一些簡單的烹飪設備及學習一些料理的基本技巧。

健康美食

不幸地，許多咖哩含有多量的油脂、牛油和奶油，它們被拿來和草藥及香料混和，煮出濃郁但卻不健康的菜肴。本書裡的咖哩佳肴，讓你可以烹調健康又不失美味的咖哩，揚棄不健康的食材，重新創造最喜愛的咖哩美食——包括一些比較不常見的菜色。大幅減少不健康食材的使用量，取而代之的是較為健康的食材，例如：花生油，它的飽和脂肪酸遠低於酥油、葵花油或牛油。本書的咖哩不用奶油和牛油，而是使用天然脫脂優格及低脂椰子奶；也去掉或減少糖的使用，以龍舌蘭糖漿替代。這種有機、無脂的甘味劑可以取代許多食譜裡面的糖分，它比蜂蜜更甜——只需要非常少的量。同樣地，調味時要節制鹽的用量，因為攝取高鹽分可能導致高血壓和心臟疾病。

基本食材

任何大型超市都可以買到書中食譜所需的多數食材。市場和異國食品商店是尋找較特殊食材的好去處，可以用不錯的價格買到大量的香料；也可以從專門的網站訂購「異國」食材，並宅配到府。

乾香料

乾香料的味道放愈久愈差，所以最好少量購買並盡快用完。

芒果粉（amchoor）

乾芒果粉被用來做為印度咖哩的酸劑。如果買不到，可用一點檸檬汁或酸子醬（tamarind paste）替代。

阿魏（asafetida）

這種植物的樹脂又稱為惡魔的糞便（devil's dung），市面上可以買到塊狀或是乾粉狀。它的味道很重，通常扁豆咖哩會放很少量的阿魏，據說能治療胃腸脹氣。

小豆蔻（cardamom）

通常是整個連豆莢使用，做為米和咖哩的調味香料。也可單獨使用豆莢內的小粒黑色種子，將種子壓碎，用來做混和香辛料的一味或調製瑪撒拉綜合香料（garam masala）。

桂皮（cassia）

桂皮又名中國肉桂，是一種帶有香氣的樹皮，市面上買得到條狀、成捲或粉狀的桂皮。其質地比肉桂粗糙，味道也比較重。

辣椒（chilli）

整根乾紅辣椒可以提高咖哩的辛辣度。乾辣椒片一般比較不辣；而乾辣椒磨碎製成的辣椒粉，辣度從微辣、中辣至大辣不等。

肉桂（cinnamon）

這種甘甜溫暖的香料來自一種樹的皮，市面上可買到條狀或捲狀，磨成粉狀的肉桂也很普遍。

丁香（cloves）

來自一種常綠樹的帶有香氣的乾燥花苞，可整顆或磨成粉使用。

香菜籽／芫荽籽（coriander）

香菜植物的淡褐色小種子，有一種清新、柑桔的味道。是許多咖哩醬和混合乾燥香料的基底，市面上可買到整顆或磨碎的。

孜然（cumin）

孜然是亞洲烹飪中不可或缺的調味聖品，這些長形的褐色小種子可整顆或磨碎使用，並有一種獨特、溫暖、刺鼻的香氣。可乾烘全籽，在上菜前撒上。

番紅花（saffron）

深橘色的細絲是來自一種特殊番紅花屬植物的乾燥花蕊，用於米飯或甜點添加麝香氣味和金黃色彩。

瑪撒拉綜合香料（garam masala）

這種常見的綜合香料通常是在烹煮最後加入。最經典的瑪撒拉綜合香料含有小豆蔻、丁香、孜然、胡椒粒、肉桂和肉豆蔻（製作方法詳見 46 頁）。

葫蘆巴籽（fenugreek seeds）

通常呈四角形，這些細小、光亮的黃色種子被廣泛用在醃漬品內，並被磨碎加入咖哩綜合香料。

咖哩粉（curry powders）

現成的咖哩粉隨處買得到，而且有許多不同種類，其取決於所混合的香料不一樣。有些咖哩粉只有簡單標示微辣、中辣和大辣，但是還是有許多特殊的混合香料配方，例如：坦都里綜合香料粉（Tandoori Spice Mix）或馬德拉斯咖哩粉（Madras Curry Powder）。

芥末籽（mustard seeds）

圓形的小種子有黑色、褐色或黃色，普遍被用於添加菜的風味，通常在油裡炒至「爆裂」，以釋放甘醇、堅果的味道。

黑種早籽（nigella seeds）

又名黑蔥籽（black onion seeds）或卡龍吉籽（kalonji）。這些細小的暗黑色橢圓種子最常被用來為麵包和醃漬品添加風味。

茴香籽（fennel seeds）

淡綠色的小種子有一種微妙的茴芹籽味道，被用來當做某些綜合香料中的一種調味。

八角（star anise）

這些暗褐色、花型種子莢有一種明顯類似茴芹籽的味道。

薑黃（turmeric）

明亮的橘黃色植物的根莖，一般可以買到的是「乾薑黃粉」。薑黃有一種溫暖、麝香的氣味，扁豆飯及咖哩中加入薑黃可以添加風味和菜肴的色彩。

新鮮香草和芳香植物

製作各種不同的咖哩時，手上擁有多種新鮮的香草和芳香植物是必要的。務必購買你能找到的最新鮮食材，異國食品店是購買九層塔、檸檬草、卡菲爾萊姆葉（kaffir lime leaves）、香菜、薄荷和咖哩葉等芳香植物的好去處，因為他們通常有多種價格便宜的新鮮產品供選擇。假如你有剩下的食材，辣椒、檸檬草、咖哩葉和卡菲爾萊姆葉都很適合冰凍保存，以便之後使用。

辣椒（chillies）

許多咖哩食譜都有用新鮮的紅、綠辣椒來添加辣度及味道。白髓和種子部位最辣，所以如果想要享受比較不辛辣的辣椒味，在切片或剁碎辣椒之前，先縱切一道長開口，小心將白髓和種子挖出去掉。

香菜／芫荽（coriander）

又名芫荽、胡荽。為東方的西芹，新鮮的香菜被廣泛運用在亞洲烹調中。嫩葉經常被用來為菜肴增添風味，但是根莖也可被使用，尤其是泰式咖哩醬。

檸檬草（lemon grass）

印尼稱為"sere"，馬來西亞為"serai"，泰國是"takrai"，菲律賓則稱"tanglad"，人們使用這種綠草是為了它的柑橘味和香氣。整株可用，搗碎莖的底部，或切細片或剁碎。切或剁之前，先把堅硬的外葉剝除，因為它們可能含有許多纖維。

咖哩葉（curry leaves）

香氣濃郁的新鮮咖哩葉被用在印度和東南亞的料理中。連莖成束購買，使用前摘下葉子。新鮮的咖哩葉很適合冰凍保存，可以直接從冷凍庫取出使用。

卡菲爾萊姆葉／青檸葉（kaffir lime leaves）

外表呈瘤狀的卡菲爾萊姆的葉子味道很香。用在咖哩時，通常會切成細絲，但是有時候會保留整片葉子。它們很適合冰凍，從冷凍庫直接取出即可使用。

紅蔥頭（shallots）

這些個小、味甜且刺鼻的洋蔥家族成員，在東南亞的烹飪中被廣泛使用。剝紅蔥頭時，將紅蔥頭切半，剝除外皮即可。

薑（ginger）

生薑是另一種不可或缺的芳香植物，有一種清新、辛辣的風味，鹹味和甜味菜都適用。

高良薑／南薑（galangal）

這種植物根莖與它的近親「薑」一樣，都是作為食物調味。處理方式為削皮並切成細絲或剁碎。如果找不到高良薑，可用生薑替代。

大蒜（garlic）

大蒜是全世界最基本的烹飪調味品之一，大蒜、薑和洋蔥為構成許多咖哩的基礎。用法有切片、壓碎或磨碎。

洋蔥（onions）

這種低調的蔬菜是構成許多咖哩的基礎。通常我們會先將切片或剁碎的洋蔥慢火炒香，之後再加入其他食材。將洋蔥放入網袋，存放於室溫的廚房。

九層塔（Thai basil）

這種細緻的香草在東方食品商店裡可以找到，人們用它來裝飾及增添咖哩的風味，若無法購得也可用一般的羅勒替代。

其他有用的食材

椰奶和椰漿（coconut milk and coconut cream）

亞洲烹調常用的罐裝椰奶，市面上很容易買到。加了椰奶的咖哩有一種濃郁的奶油口感，椰漿味道則更為濃厚，比較健康的選擇是使用低脂椰奶。

酸子醬／羅望子醬（tamarind paste）

由羅望子果莢製成的酸子醬，被當成咖哩的酸劑，從罐子裡取出即可直接使用。你也可以購買半乾燥的果肉，後者必須浸泡在溫水裡，使用前瀝乾。

棕櫚糖（palm sugar）

印度稱為 "jaggery"，泰文為 "nam tan peep"，這是一種利用不同棕櫚樹液所製造的糖。市面上可以買到塊狀或罐裝的棕櫚糖。它有一股深沉、焦糖的風味，顏色呈淡褐色，在咖哩的用途是平衡香料的味道，可用任何紅糖來替代。

鷹嘴豆粉（gram flour）

又名雞豆粉（besan）。這種淡黃色澱粉，是用乾燥的鷹嘴豆製成，通常用它來勾芡和黏合，它同時也是美味麵糊的主要成分。

蝦醬（shrimp paste）

又名 "kapee"，是一種亞洲烹調所使用的刺鼻醃製品。蝦醬是將蝦子加鹽搗爛，任其腐爛分解。它有很強的氣味，烹煮後氣味會消失。

甜辣醬（sweet chilli sauce）

這種甘甜柔和的醬汁是由紅辣椒、糖、大蒜和醋所製成。

泰式魚露（Thai fish sauce）

又名 "nam pla"，這種醬汁是從加鹽發酵的魚萃取出來的液體所製成，也是泰式烹飪的主要食材之一。

烹煮完美的米飯

米是世界各地的咖哩的基本佐食，也是香料的絕配。烹煮米飯的方法很多，最簡單的方法之一是吸水法，米加定量的液體，蓋鍋烹煮，至水分完全被米吸收為止。米吸收了水分，蒸汽悶熟，變得柔軟蓬鬆。（其他煮飯方法詳見第 60 頁和第 88 頁。）

遵循這些簡單步驟，就能輕鬆煮出完美的米飯。量米時看容量不看重量，效果最佳。

步驟一

用自來水洗米，換幾次水，這種沖洗的動作可以除掉鬆脫的澱粉，米也會比較不黏。

米通常無需浸泡冷水就可以煮得不錯。但是，如果使用舊米，就要浸泡冷水 15 ～ 30 分鐘，因為這能讓米粒比較不容易碎掉。印度香米（basmati rice）傳統上也需要浸泡，因為這樣有助於米在烹煮過程中脹到最大。無論浸泡與否，洗完米務必完全瀝乾，否則煮飯的水會超出你原本要用的水量。

步驟二

如上所述，吸水法是最簡單的煮飯方法。這個方法的關鍵是找出正確的水或高湯量。一般原則是 1½ ～ 1¾ 杯的水（或高湯）搭配一杯印度香米或白長米，但是可能必須做點實驗，找出你最喜歡的量。糙米需要較多的水，而短米需要的水較少。記住，水愈多，飯愈軟、愈黏。水愈少，煮出來的飯愈硬。

煮飯時，熱擴散器是一種可以利用的重要設備，因為它會將深平底鍋底下的熱氣均勻擴散，避免燒焦。另一個重要設備是，避免底部燒焦的厚底深平底鍋，加上封住蒸汽的密封鍋蓋。如果蓋子無法密合，就在鍋蓋和鍋子之間放一張錫箔或一條乾淨的廚房布巾。

步驟三

將米連同量好的液體放入深平底鍋裡煮到滾，蓋緊鍋子，轉小火。12 ～ 15 分鐘後，水分應該已經被吸收，飯剛變柔軟。

如果現在盛飯，會發現上層的米飯乾又蓬鬆，底下則是軟爛。這就是需要耐心的地方：將鍋子移開爐火，不掀蓋讓米飯靜置至少 5 分鐘，至多 30 分鐘。這讓水氣得以重新分布，使得口感較為一致，底層同上層一樣蓬鬆。

炒飯

為了煮出粒粒分明的完美炒飯，重要的是使用煮熟的冷飯，並在加入米飯之前，先將深平底煎鍋或炒鍋燒到很熱。食譜需要煮熟的冷飯時，應該使用煮熟後快速冷卻，然後冷藏待用的米飯。

必要設備

煮咖哩不需要任何昂貴或複雜的設備，但是有幾件不可或缺的東西會讓你事半功倍。你會需要的基本工具，通常每間廚房都有——例如：長勺、湯匙、篩子、濾鍋、砧板和刀子——但是還有幾樣配備也很值得擁有。

磨粉和攪拌

好咖哩的秘訣在於基礎醬料——由一些香料和芳香植物混和成的乾咖哩粉或濕咖哩醬。研缽和杵是將這些材料融合在一起的傳統方法，也是永遠可靠的方法，但是這種作法確實相當費力。

除此之外，也可以利用電子咖啡磨豆機，將乾燥的香料磨成粉。這些機器不貴，到處都買得到，但是記住用一台機器專門磨香料，否則你的咖啡喝起來會非常奇怪。

如果必須將濕的食材和乾的香料磨碎或攪拌一起做咖哩醬，一台迷你攪拌機可以幫上大忙，它可以輕鬆做出滑順的混合調料。多數標準型食物處理機太大，無法有效處理少量的食材。

爐火烹煮

選擇厚底的深平底鍋、平底煎鍋和炒鍋。厚底能確保食物受熱均勻，尤其是長時間慢火烹煮時，不會燒焦或黏鍋底。一個可以蓋得緊實的大平底鍋非常有用。

除了厚底平底鍋，熱擴散器對慢煮也是非常有用。這是一種由有孔的金屬製成的盤狀物，通常附有一個可拆除的手把，使用時放在熱源上。鍋子是放在熱擴散器上面，在需要均勻、小火、熱擴散效果極佳的烹煮時，熱擴散器尤其有用，例如：慢火煮咖哩和煮一鍋好吃的飯。在專門的廚房用品店都可以買到價位不高的熱擴散器,而且很耐用。

咖哩粉和咖哩醬

多數的咖哩食譜都需要咖哩粉或咖哩醬。本書裡的許多食譜有說明如何製作,有的食譜使用標準咖哩粉或泰式綠咖哩醬等一般咖哩醬料。

雖然現成的咖哩粉和咖哩醬很容易買到,而且許多產品都很不錯,但是自己製作咖哩會讓人很有成就感。有時間不妨做一大批,將乾咖哩粉放在密封罐裡儲存在冷藏室,新鮮的咖哩醬放入冷凍庫,如此一來接下來幾週,就可以製作許多美味的咖哩。

基礎咖哩粉

份量:約 125 克

材料

香菜(芫荽)粉 2 大匙

薑黃粉 2 小匙

黑芥末籽 ½ 小匙

葫蘆巴籽 ¼ 小匙

乾咖哩葉 6 ～ 8 葉

孜然籽 2 大匙

黑胡椒粒 1 小匙

乾紅辣椒(略微弄碎)1 ～ 6 根

豆蔻籽 1 小匙

肉桂或桂皮 1 根

丁香 5 ～ 6 顆

薑粉 ¼ 小匙

作法

1. 製作微辣咖哩粉,使用 1 ～ 2 根乾紅辣椒;若是中辣,使用 3 ～ 4 根;大辣則使用 5 ～ 6 根。
2. 將所有的食材放在不沾平底煎鍋上小火乾烘 2 ～ 3 分鐘至有香氣,離火並放冷。
3. 把鍋子裡的香料倒入迷你攪拌器或乾淨的電動咖啡磨豆機,磨成細粉。
4. 放入密封罐保存可達一個月,放冰箱冷藏可保存 3 個月。

泰式綠咖哩醬

份量：150～180毫升

材料

香菜（芫荽）粉2小匙

孜然粉2小匙

白胡椒粒1小匙

新鮮的長型綠辣椒4～6根（切碎）

紅蔥頭4顆（切細末）

大蒜2大匙（切碎）

卡菲爾萊姆（青檸）葉2小匙（切細末）

檸檬草（香茅）2大匙

（去除外面的硬葉並切碎）

高良薑（或生薑）1大匙（削皮並切細末）

蝦醬2小匙

花生油1大匙

作法

1. 用研砵和杵或迷你攪拌器將所有食材磨
   成均勻糊狀。

2. 入密封罐放冰箱冷藏可保存一個月，或
   少量分裝冷凍待用。

泰式紅咖哩醬

份量：150毫升

材料

香菜（芫荽）粉2小匙

孜然粉1小匙

白胡椒粒1小匙

長型紅辣椒乾8根（去籽並切細末）

大蒜2大匙（磨細末）

檸檬草（香茅）2大匙

（去除外面硬葉並切細末）

高良薑或生薑1大匙（削皮並切細末）

新鮮香菜（芫荽）根3株（切細末）

卡菲爾萊姆（青檸）葉2小匙（切細末）

蝦醬2小匙

花生油2大匙

作法

1. 用研砵和杵或迷你攪拌器將所有食材磨
   成均勻糊狀。

2. 入密封罐放冰箱可保存一個月，或少量
   分裝冷凍待用。

starters & snacks
開胃菜和點心

椰子、紅蘿蔔和菠菜沙拉
Coconut, Carrot & Spinach Salad

🕐 準備時間：10 分鐘

🥄 烹製時間：1 分鐘

👩👩👩

材料

嫩菠菜 300 克（切細末）

紅蘿蔔 1 根（刨粗絲）

新鮮椰子 25 克（刨絲）

花生油 2 大匙

黑芥末籽 2 小匙

孜然籽 1 小匙

萊姆（青檸）汁 1 顆量

橙汁 1 顆量

鹽和胡椒 適量

作法

1 菠菜、紅蘿蔔和椰子放入大碗，輕輕攪拌均勻。

2 將油倒入小平底煎鍋以中火加熱，芥末和孜然籽入鍋，翻炒 20 ～ 30 秒至有香氣，且芥末籽開始「爆裂」。

3 離火，連同萊姆和橙汁一起淋在沙拉上，調味後上菜前拌勻。

🥣 多一味

香料炒椰子、紅蘿蔔和菠菜
Spicy Coconut, Carrot & Spinach Sauté

1. 大炒鍋或平底煎鍋裡倒入一大匙花生油，加熱。

2. 紅椒 1 根切細丁、大蒜 2 瓣切細末、青蔥 4 根切細片及孜然、黑芥末籽各 1 小匙，放入作法 1 的鍋中翻炒 1 分鐘。

3. 紅蘿蔔 1 根刨絲，加入鍋中翻炒 2 ～ 3 分鐘，加入嫩菠菜 200 克，大火翻炒 2 ～ 3 分鐘，或至菠菜微縮。

4. 調味後撒上新鮮椰絲 25 克。

番茄優格冷湯
Chilled Tomato & Yogurt Soup

🕐 準備時間：5 分鐘，加冷藏時間
⏱ 烹製時間：1 分鐘
👨‍👩‍👧‍👦

材料

番茄 750 克（去皮、去籽並切碎）

檸檬汁 2 大匙

白酒醋 1 大匙

微辣咖哩粉 1 小匙（作法見第 12 頁）

天然脫脂優格 250 毫升（拌勻）

鹽和胡椒適量

香菜（芫荽）葉少許（切碎，裝飾用）

作法

1 番茄、檸檬汁、醋、咖哩粉和優格放入
食物處理機，攪拌成糊。

2 盛入碗裡，封好放冰箱冷藏 3 ～ 4 小時
或一晚。

3 將湯舀入冰過的湯碗，撒上香菜葉碎裝
飾後，即可上桌。

 多一味

香料黃瓜和優格冷湯
Chilled Spicy Cucumber & Yogurt Soup

1.黃瓜 2 根削皮、去籽並切丁和青蔥 4
根切細片取代番茄，攪拌並冷藏。

2.上菜時，撒上乾烘的孜然籽 1 大匙和
薄荷葉碎少許。

香料馬鈴薯蘋果沙拉
Spicy Potato & Apple Salad

🕐 準備時間：20 分鐘，加冷藏時間

👨‍👩‍👧‍👧

材料

現磨黑胡椒 1 大匙

孜然籽 1 大匙（乾烘並粗磨）

芒果粉 3 小匙

辣椒粉 1 小匙

紅蘋果 2 顆

蠟質馬鈴薯 3 顆（去皮、煮熟並切丁）

黃瓜 1 小條（切丁）

萊姆（青檸）汁 2 顆量

香菜少許（切碎）

薄荷少許（切碎）

鹽和胡椒適量

作法

1 4 種香料（黑胡椒、孜然籽、芒果粉、辣椒粉）混合後為混合香料，備用。

2 蘋果去核，果肉切小丁，與馬鈴薯、黃瓜和萊姆汁同置碗裡，撒上混合香料，調味並拌勻。

3 封好，放冰箱冷藏 30 分鐘入味；上菜前拌入香草；拌勻，即刻上桌。

🥄 多一味

香料奶油醬馬鈴薯蘋果沙拉
Potato & Apple Salad with Spiced Creamy Dressing

1. 綠辣椒 1 根切丁、大蒜 2 瓣壓碎、萊姆汁 2 顆量、龍舌蘭糖漿 1 小匙、威辣咖哩粉 1 大匙、薑黃 ¼ 小匙和天然脫脂優格 300 毫升放入食物處理機，拌打成糊狀。

2. 馬鈴薯 3 顆去皮、煮熟並切丁放入沙拉碗，加蘋果 2 顆切丁、紅洋蔥 ½ 顆切片及黃瓜 ½ 根切片。

3. 淋上沙拉醬，攪拌均勻並上桌。

瑪撒拉綠咖哩串烤雞肉
Green Masala Chicken Kebabs

🕐 準備時間：10 分鐘，加醃肉時間

🍳 烹製時間：10 分鐘

👪

材料

去皮雞胸肉 4 塊（切塊）

萊姆（青檸）汁 1 顆量

天然脫脂優格 100 毫升

生薑 1 小匙（去皮磨細末）

大蒜 1 瓣（壓碎）

新鮮綠辣椒 1 根（去籽並切碎）

香菜（芫荽）大量（切細末）

薄荷葉大量（切細末）

中辣咖哩粉 1 大匙（作法見第 12 頁）

鹽 1 撮

萊姆（青檸）角 4 塊（搭配佐餐）

作法

1 雞肉放大碗，將其餘所有的食材放入食物處理機攪拌至滑順，必要時加一點水，為醬汁。

2 醬汁淋在雞肉上，拌勻，封好放冰箱醃一晚。

3 預熱燒烤架至灼熱。

4 用 8 根金屬籤串好雞肉，燒烤 6 ～ 8 分鐘，中間翻一兩次面，至雞肉熟透，附上可擠汁的萊姆角，即可上桌。

🍲 多一味

瑪撒拉紅咖哩串烤雞肉
Red Masala Chicken Kebabs

1. 將天然脫脂優格 4 大匙、番茄糊 4 大匙、磨碎的薑 1 小匙、大蒜 4 瓣壓碎、辣椒粉 1 大匙、孜然粉 1 小匙和薑黃粉 1 小匙混合，淋在雞肉上。

2. 醃肉和烹煮方法如上烹調程序。

辣椒大明蝦沙拉
Chilli & King Prawn Salad

🕐 準備時間：10 分鐘

🕑 烹製時間：3 ～ 4 分鐘

👭👭

材料

麻油 1 小匙

生大明蝦 250 克（去殼去腸）

青蔥 4 根（斜切薄片）

黃瓜 10 公分長（去籽並切成條狀）

櫻桃番茄 16 顆（切半）

香菜（芫荽）葉 1 大匙（切細末）

泰式魚露 1 小匙

新鮮紅辣椒 2 根（切細末）

檸檬汁 4 大匙

作法

1 大炒鍋或平底煎鍋裡倒入油以中大火加熱，油熱後大明蝦入鍋，翻炒 3 ～ 4 分鐘至變淡紅色。

2 用漏勺盛出明蝦，斜切成薄片放入碗中，與其餘的食材拌勻。

🥣 多一味

香料雞肉和辣椒沙拉
Spicy Chicken & Chilli Salad

1. 檸檬汁 5 大匙混拌甜辣醬 4 大匙、淡醬油 2 大匙、紅辣椒 1 根切細丁和芝麻油 1 小匙。

2. 雞胸肉 3 片煮熟切絲放入寬碗，加入青蔥 6 根切薄片、櫻桃番茄 16 顆切半、黃瓜 ½ 根切薄片和大量的香菜葉，淋上醬汁，拌勻後上桌。

豬肉、馬鈴薯和豌豆餃
Pork, Potato & Pea Samosas

🕐 準備時間：20 分鐘，加冷藏時間

🕐 烹製時間：25 分鐘

👥👥👥👥（1 人份 4 顆）

材料

花生油 1 大匙

豬肉末 300 克

洋蔥 1 顆（切碎）

中辣咖哩粉 1 大匙（作法見第 12 頁）

馬鈴薯 50 克（削皮、煮熟、切細丁）

冷凍豌豆 50 克

香菜（芫荽）葉 4 大匙（切碎）

薄荷葉 4 大匙（切碎）

酥皮 5 張（每張 25×50 公分）

蛋 1 顆（打散）

鹽和胡椒適量

作法

1 平底煎鍋裡倒入油以中火加熱。豬肉、洋蔥和咖哩粉加入鍋中，烹煮約 10 分鐘，至豬肉剛熟且湯汁已經蒸發。

2 加入馬鈴薯和豌豆，混拌均勻；鍋子離火，加入香草碎，放置旁邊冷卻備用。

3 在乾淨的砧板上放上成疊的酥皮，切成 4 等分，每片變成 4 張長方形；用略濕的茶巾蓋住酥皮，避免乾掉。

4 將一張酥皮放在桌上，離自己最近短的一邊，放上一中匙的內餡，將酥皮的右下角摺過去和左邊重疊，內餡封在一個三角形裡面，繼續將上面的皮往下摺，做成一個漂亮的三角包，用少許打散的蛋液黏住封口，放在烤盤上。

5 重複作法 4 的步驟，製作 20 顆菜餃，刷上蛋液，冷藏待用。

6 烤爐預熱至 220 度。菜餃刷上薄薄的烹飪油，烤 12 ～ 15 分鐘至變成金棕色，趁熱上桌。

 多一味

薄荷優格酸辣醬
Mint & Yogurt Chutney

大量薄荷葉切碎、少許香菜葉切碎、綠辣椒 1 根切細末、大蒜 2 瓣切碎、磨碎的薑 1 小匙、萊姆汁 2 顆量、龍舌蘭糖漿 2 小匙，和天然脫脂優格 300 毫升，放入攪拌器內，拌攪成泥。

薄荷菠菜酪奶湯
Minit, Spinach & Buttermilk Shorba

🕐 準備時間：10 分鐘

👪👪👪

材料

冷凍菠菜 250 克（解凍）

大蒜 1 瓣（壓碎）

微辣咖哩粉 1 小匙（作法見第 12 頁）

生薑 ½ 小匙（去皮磨細末）

酪奶 500 毫升

薄荷葉 6 大匙（切細末，另備裝飾用）

冰水 350 毫升

冰塊 8 塊

鹽和胡椒適量

作法

1 菠菜放入濾鍋，擠出多餘的水分，切成細末。

2 把菠菜末放入食物處理機，加入大蒜、咖哩粉、薑和酸奶，拌入薄荷碎，倒入水，將所有食材打成泥為薄荷菠菜酸奶湯。

3 酪奶湯舀入冰過的碗中，每碗放入 2 塊冰塊，以薄荷裝飾。

🍲 多一味

咖哩菠菜和馬鈴薯湯
Curried Spinach & Potato Soup

1. 菠菜 300 克剁碎放入深平底鍋，加入洋蔥 1 顆切碎、大蒜 2 瓣壓碎，薑泥 1 小匙、紅辣椒 1 根切細末、為辣椒粉 1 小匙（作法見第 12 頁）和蔬菜高湯 900 毫升，煮滾。

2. 馬鈴薯 2 顆，去皮切成 1.5 公分的小丁，加入菠菜湯內。

3. 煮滾後火轉小，煨煮 15 ～ 20 分鐘，或至馬鈴薯變軟，倒入溫熱的碗。

花生黃瓜沙拉
Peanut & Cucumber Salad

🕐 準備時間：5 分鐘
🕐 烹製時間：5 分鐘
👪

材料

大黃瓜 1 根（去皮並切碎）

檸檬汁 4 大匙

淡橄欖油 1 大匙

黃芥末籽 1 小匙

黑芥末籽 2 小匙

咖哩葉 8 ～ 10 片

新鮮紅辣椒 1 ～ 2 根（去籽，切細末）

烘烤花生 4 大匙（切細末）

鹽和胡椒適量

作法

1 黃瓜置於大碗中，撒上檸檬汁，用鹽調味拌勻，放置一旁備用。

2 小平底煎鍋裡倒入油以中火加熱，芥末籽、咖哩葉和辣椒入鍋，翻炒 1 ～ 2 分鐘至有香味且芥末籽開始「爆裂」。

3 將鍋裡的香料和香草加入作法 1 拌好的黃瓜中，拌勻撒上碎花生。

🥄 多一味

香料烤番茄沙拉
Spicy Roasted Tomato Salad

1. 將李型番茄 10 顆切半，放置於烤盤上，切口朝上，撒上微辣咖哩粉 1 大匙（作法見第 12 頁）和孜然籽調味粉 2 小匙。

2. 作法 1 的番茄噴上薄薄的一層烹飪油，放入已經預熱到攝氏 200 度的烤爐烘烤。

3. 完成後取出放涼；寬盤子上排上混合的沙拉葉 200 克及紅洋蔥 ½ 顆切片。

4. 冷卻的番茄放在沙拉上，擠上萊姆汁 2 顆量，撒上烤南瓜籽 4 大匙。

串烤羊肉
Hara Boit Kebabs

🕐 準備時間：20 分鐘，加醃肉時間

🍳 烹製時間：12 ～ 15 分鐘

👧👧👧

材料

羔羊腿瘦肉 750 克（切塊）

洋蔥 1 顆（切細末）

大蒜鹽 2 小匙

薑粉 2 小匙

孜然粉 1 大匙

微辣咖哩粉 1 大匙（作法見第 12 頁）

微辣辣椒粉 1 大匙

茴香籽 1 大匙

香菜（芫荽）葉 6 大匙（切細末）

薄荷葉 2 大匙（切細末）

天然脫脂優格 250 毫升

龍舌蘭糖漿 ½ 小匙

萊姆（青檸）汁 2 顆量

鹽和胡椒適量

作法

1 羊肉放入非金屬的大盤子裡；其他所有食材放入食物處理機打至滑順的糊狀，，淋在羊肉上，封好放冰箱醃 24 ～ 48 小時。

2 從冰箱取出羊肉，讓其回升至常溫，烤爐預熱至攝氏 200 度。

3 用 8 ～ 12 根金屬籤串好羊肉，排放在內襯防油紙的烤盤上，放入預熱好的烤箱烤 12 ～ 15 分鐘至羊肉軟嫩和熟透。

🥣 多一味

孜然辣椒檸檬飯
Cumin, Chilli & Lemon Rice

1. 孜然籽 2 小匙放入深平底鍋，加入辣椒 1 根切丁、薑黃粉 1 小匙、檸檬 1 顆磨碎果皮及擠汁、印度香米 300 克和熱蔬菜高湯 650 毫升，

2. 煮滾，蓋上蓋子以小火煨煮 10 ～ 12 分鐘，或至水分完全被吸收。

3. 離火，燜 10 ～ 15 分鐘，用叉子翻鬆米粒後即可上桌。

涼拌紅蘿蔔和紅捲心菜
Carrot & Red Cabbage Slaw

🕐 準備時間：10 分鐘

🕐 烹製時間：1 分鐘

👪

材料

紅蘿蔔 3 根（刨粗絲）

紅捲心菜（紫椰菜）300 克（切細絲）

萊姆（青檸）汁 2 顆量

龍舌蘭糖漿 2 小匙

淡橄欖油 2 大匙

新鮮紅辣椒 1 根（切細丁）

黑芥末籽 1 大匙

鹽和胡椒適量

作法

1 紅蘿蔔和紅捲心菜置於大碗，將萊姆汁和龍舌蘭糖漿混和，拌入蔬菜混和均勻，放置一旁。

2 小平底煎鍋裡倒入油以中火加熱，辣椒和芥末籽加入鍋中，翻炒 20 〜 30 秒至有香味，且芥末籽開始「爆裂」。

3 將煎鍋裡的香料加入沙拉中拌勻。

🥣 多一味

香料烤餅
Toasted Spiced Chapati Wedges

1. 將 4 片現成的印度薄煎餅切成楔狀，排在兩個大烤盤上。

2. 噴上薄薄的烹飪油，撒上壓碎的孜然籽 1 大匙、黑種草籽 1 大匙、微辣咖哩粉 2 小匙和海鹽少許。

3. 烤爐預熱至攝氏 180 度，烤 8 〜 10 分鐘或至酥脆，趁熱上桌。

辣椒炙燒魷魚和香草沙拉
Chilli-Seared Squid & Herb Salad

🕐 準備時間：15 分鐘，加醃的時間

⏱ 烹製時間：10 分鐘

👩👩👩👩

材料

海鹽 1 大撮

香菜（芫荽）粉 1 小匙

孜然粉 1 小匙

辛辣辣椒粉 1 小匙

檸檬汁 8 大匙

番茄糊 1 小匙

新鮮紅辣椒 1 根（去籽切細片）

生薑 1 小匙（去皮並磨細末）

大蒜 1 瓣（壓碎）

魷魚 750 克（切成一口大小）

紅洋蔥 1 小顆（切成薄片）

香菜（芫荽）葉大量（切碎）

薄荷葉少量（切碎）

作法

1 鹽、香料粉、辣椒粉、檸檬汁、番茄糊、辣椒、薑和大蒜放入大碗混拌，加入魷魚拌勻，封好後放於室溫醃 15 分鐘。

2 大火加熱橫紋平底不沾鍋；取出醃好的魷魚，分批在熱鍋裡炙燒 1 ～ 2 分鐘，完成後取出保溫，一邊煮剩下的魷魚。

3 紅洋蔥和香草加入煮好的魷魚中，拌勻。

🥄 **多一味**

大明蝦芒果香草沙拉
King Prawn, Mango & Herb Salad

1. 以去殼生大明蝦 750 克取代魷魚，在混合香料裡醃 10 分鐘，再分批於冒煙的熱鍋裡炙燒，每面煮 2 ～ 3 分鐘，或至蝦子變淡紅色及熟透。

2. 放入沙拉碗中，拌入大量的香菜和薄荷葉及熟芒果丁 1 顆量拌勻。

香料櫛瓜煎餅
Spicy Courgette Fritters

🕐 準備時間：15 分鐘，加瀝乾時間

🍳 烹製時間：10 ～ 15 分鐘

👩👩👩

材料

櫛瓜（翠玉瓜）3 條（刨絲）

青蔥 2 大根 （切末）

大蒜 1 瓣（切細末）

檸檬皮 1 顆（磨碎）

鷹嘴豆粉 4 大匙

中辣咖哩粉 2 小匙

（作法見第 12 頁）

新鮮紅辣椒 1 根（去籽並切細末）

薄荷葉 2 大匙（切細末）

香菜（芫荽）葉 2 大匙（切細末）

雞蛋 2 顆（略微打散）

淡橄欖油 2 大匙

作法

1 櫛瓜刨絲入鍋，撒少許鹽，靜置至少一小時後瀝乾，擠出剩下的汁液。

2 將除了蛋和橄欖油之外的其餘食材放入碗裡，加入櫛瓜，略微調味（櫛瓜已加鹽）拌匀，再加蛋混拌均匀為櫛瓜麵糊。

3 在大的平底煎鍋裡倒入一半的橄欖油以中大火加熱；分別放入櫛瓜麵糊數中匙，並用湯匙背面壓一下。

4 每面煎 1 ～ 2 分鐘，至顏色呈金黃色且熟透；撈出煎餅保溫；重複用相同方式煎熟剩餘的麵糊，必要時加入剩下的油。

🥄 **多一味**

黃瓜芒果鮮奶酪醬
Cucumber, Mango & Fromage Frais Relish

1. 黃瓜 1 根削皮、去籽並刨粗絲，放入細網篩中，再用湯匙背面擠出多餘的汁液。

2. 黃瓜絲放入碗裡，加熱芒果酸辣醬 2 大匙，和脫脂鮮奶酪 200 克。

3. 拌入香菜葉碎少許，冷藏待用。

fish & shellfish
魚貝類

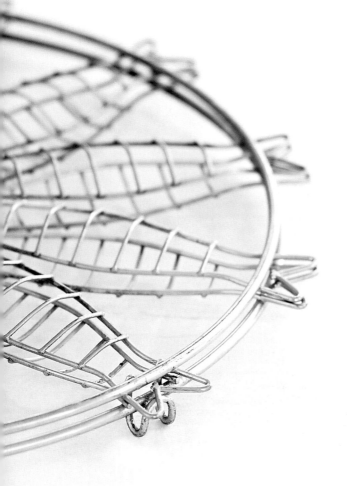

柬埔寨咖哩魚
Cambodian Fish Curry

🌙 準備時間：10 分鐘

⏱ 烹製時間：15 分鐘

👨‍👩‍👧‍👦

材料

檸檬草（香茅）2 大匙
（去除外面硬葉並切細末）

高良薑 1 大匙（去皮並切細末）

新鮮紅辣椒 3 根（切粗丁）

大蒜 4 瓣（切粗蓉）

水 200 毫升

厚大比目魚片 750 克（去皮並切塊）

花生油 1 大匙

低脂椰奶 200 毫升

泰式魚露 1 大匙

乾烤碎花生 2 大匙

九層塔葉少許

作法

1 將檸檬草、高良薑、辣椒和大蒜放入迷你攪拌機，加入水 200 毫升，拌打成均勻糊狀為香料糊，放置一旁備用。

2 用廚房紙巾拍乾魚的表面，排放在燒烤架上，以中大火的燒烤爐烤 10 ～ 12 分鐘或至魚肉熟透。

3 同時用不沾平底煎鍋熱油，翻炒香料糊 4 ～ 5 分鐘。

4 倒入椰奶和魚露，大火煮 5 分鐘，過程中要一直攪拌。烤好的魚放入鍋中，加入花生和九層塔，輕輕拌混均勻。

🥣 **多一味**

檸檬草椰子香料魚
Spicy Fish with Lemon Grass & Coconut

1. 厚鱈魚片 4 塊並排放在刷上薄油的耐熱淺盤裡。

2. 將切細末的檸檬葉 2 大匙、切細末的生紅辣椒 2 根、磨碎的生薑和大蒜各 2 小匙與低脂椰奶 100 毫升混合後用湯匙淋在魚上。

3. 烤箱預熱至攝氏 180 度，烤 15 ～ 20 分鐘或至魚肉煮熟，以香菜碎裝飾。

乾燒咖哩明蝦
Dry Prawn Curry

🕐 準備時間：10 分鐘
⏱ 烹製時間：10 分鐘

👩👩👩

材料

洋蔥 1 顆（切塊）

大蒜 4 瓣（切碎）

檸檬汁 8 大匙

生薑 1 小匙（去皮磨細末）

薑黃粉 1 小匙

辣椒粉 ½ 小匙

市售中辣咖哩醬 2 小匙

花生油 1 大匙

生斑節明蝦 500 克（去殼去腸）

香菜（芫荽）葉 4 大匙（切碎）

青蔥 4 根（切細片）

鹽少許

作法

1 洋蔥、大蒜、檸檬汁、薑、薑黃、辣椒
粉和咖哩醬放入食物處理機拌打成非常
滑順的糊狀，再加鹽調味為洋蔥醬。

2 寬口深平底鍋裡倒入油，以中火加熱，
倒入洋蔥醬，翻炒 2～3 分鐘，放入明
蝦，續翻炒 4～5 分鐘，至蝦變淡紅色
且熟透。

3 離火，拌入香菜和青蔥後即可上桌。

 多一味

檸檬風味香草北非小米
Lemon & Herbed Couscous

1. 將北非小米 300 克放入耐熱淺碗裡，
加入剛好淹過米的沸水，蓋緊，靜置
12～15 分鐘。

2. 用叉子翻鬆米粒，調味並拌入大量切
碎的香菜和薄荷，擠上一顆檸檬汁。

泰式薑味咖哩淡菜
Thai Mussel Curry with Ginger

🕐 準備時間：30 分鐘
🕐 烹製時間：15 分鐘

👭👭

材料

新鮮紅辣椒 ½ ～ 1 根

紅蔥頭 2 顆（切成 4 塊）

檸檬草（香茅）1 株

生薑 1 大匙（去皮切細末）

花生油 1 大匙

低脂椰奶 400 毫升

卡菲爾萊姆（青檸）葉 4 ～ 5 片

魚高湯 150 毫升

泰式魚露 2 小匙

淡菜（青口）1.5 公斤

（刷淨並去除帶毛的內臟）

香菜（芫荽）1 小撮（撕小片裝飾）

作法

1 將辣椒、紅蔥頭、檸檬草和薑放入迷你攪拌器打得很碎。

2 用大的深平底鍋熱油，將作法 1 攪碎的食材入鍋，中火炒 5 分鐘，拌炒至變軟。

3 加入椰奶、萊姆葉、魚高湯和魚露，煮 3 分鐘。

4 放入淡菜，上蓋，煮約 5 分鐘或至淡菜已開口，撈出沒開口的淡菜。

5 用湯匙盛入溫熱的湯碗，以香菜裝飾。

🍲 多一味

泰式雞肉茄子咖哩
Thai Chicken & Aubergine Curry

1. 按照上述食譜準備到作法 3，魚高湯改以雞高湯 250 毫升取代，拌入茄子丁和切大塊的雞胸肉 300 克。

2. 煮沸，蓋鍋煨煮 12 ～ 15 分鐘，或至雞肉煮熟且茄子變軟，撒上香菜。

柯欽咖哩魚
Cochin Fish Curry

🕐 準備時間：15 分鐘
⏱ 烹製時間：30 ～ 35 分鐘
👫👫

材料
洋蔥 1 顆（切碎）
大蒜 4 瓣（壓碎）
新鮮綠辣椒 2 根（去籽並切碎）
孜然粉 1 大匙
香菜（芫荽）粉 1 小匙
薑黃粉 1 小匙
香菜（芫荽）葉末少許（另備裝飾用）
水 200 毫升
花生油 1 大匙
咖哩葉 6 片
低脂椰奶 400 毫升
厚鱈魚或大比目魚片 875 克（去皮並切塊）
鹽和胡椒適量

作法
1 洋蔥、大蒜、辣椒、孜然、香菜粉、薑黃、香菜葉和水 200 毫升放入食物處理機內，攪拌成均勻糊狀。
2 大的平底煎鍋裡倒入油，以大火加熱，咖哩葉放入鍋翻炒 20 ～ 30 秒。
3 加入作法 1 攪拌好的醬，大火烹煮並攪拌 3 ～ 4 分鐘至有香味，關小火，注入椰奶，不加蓋，煨煮 20 分鐘。
4 魚塊並排放入鍋裡，煮沸，關小火，燉煮 5 ～ 6 分鐘，至魚肉剛熟透，調味後離火，以香菜葉裝飾，佐以印度香米飯上桌。

🥄 多一味
奶油明蝦櫛瓜咖哩
Creamy Prawn & Courgette Curry
1. 去殼生斑節明蝦 750 克和西葫蘆 2 條切成 1× 4 公分條狀大小，取代魚。
2. 煮法如上述步驟，至明蝦煮熟變淡紅色及櫛瓜變軟即可，佐以印度香米飯上桌。

咖哩蟹肉明蝦餅
Curried Crab & Prawn Cakes

🕐 準備時間：10 分鐘，加冷藏時間

🕐 烹製時間：20 ～ 25 分鐘

👫👫

材料

新鮮白蟹肉 400 克

生斑節明蝦 400 克（去殼和去腸）

大辣咖哩粉 1 大匙（作法見第 12 頁）

大蒜 2 瓣（壓碎）

生薑 1 小匙（去皮磨碎）

新鮮紅辣椒 1 根（去籽並切細末）

紅洋蔥 4 大匙（切細末）

香菜（芫荽）葉 8 大匙（切碎，另備裝飾用）

蛋 1 個（打散）

新鮮全麥麵包粉 100 克

鹽和胡椒適量

檸檬角少許（搭配佐餐）

作法

1 蟹肉、明蝦、咖哩粉、大蒜、薑、辣椒、洋蔥、香菜、蛋和麵包粉放入食物處理機拌打，至混合均勻為蟹糊。

2 將蟹糊放入碗裡，封好放入冰箱冷藏 5 ～ 6 小時或一晚。

3 烤爐預熱至攝氏 200 度，烤盤內襯防油紙並噴上少許的烹飪油。

4 蟹糊分成 16 等分，做成圓餅狀，排在烤盤上，噴上少許烹飪油，烤 20 ～ 25 分鐘至變淡褐色或熟透；以香菜裝飾，搭配檸檬角。

🥘 **多一味**

辛辣螃蟹明蝦米飯沙拉
Piquant Crab, Prawn & Rice Salad

1. 新鮮白蟹肉和煮熟去殼明蝦各 400 克，連同煮好放冷的印度香米飯 250 克，放入沙拉碗。

2. 加入青蔥 6 根切細片、黃瓜 1/2 條切細丁、櫻桃番茄 10 顆切半和香菜葉少許切碎。

3. 將淡橄欖油 3 大匙和檸檬汁 4 大匙、龍舌蘭糖漿 1 小匙及紅辣椒 1 根切碎，放入小碗，拌打均勻，淋在沙拉上並拌勻。

咖哩鮟鱇魚
Monkfish Korma

🕐 準備時間：10 分鐘
🕑 烹製時間：20 分鐘

👫👫

材料

花生油 1 大匙

印度白咖哩粉 2 大匙

鮟鱇魚片 750 克（切塊）

香菜（芫荽）葉 1 大束（切細末）

紅洋蔥 1 顆（切細末）

萊姆（青檸）2 顆量（磨碎的果皮和果汁）

低脂椰奶 400 毫升

鹽和胡椒適量

作法

1 寬口深平底鍋裡倒入油以中火加熱，咖哩粉放入鍋翻炒 20 ～ 30 秒或至有香味，加入鮟鱇魚、香菜和紅洋蔥繼續翻炒 20 ～ 30 秒。

2 加入檸檬皮、檸檬汁及椰奶，煮滾，調小火煮 15 分鐘，或至魚熟透；可依個人喜好調味，佐以米飯。

🥣 多一味

鮟鱇魚馬德拉斯咖哩
Monkfish Madras

1. 以馬德拉斯咖哩粉取代印度白咖哩粉，濃縮番茄醬 200 毫升和魚高湯 200 毫升替代低脂椰奶。

2. 如上述步驟煮至魚熟透，搭配溫熱的饢餅或印度薄煎餅。

紅咖哩煮魚、花椰菜和四季豆
Red Fish, Broccoli & Bean Curry

🕐 準備時間：15 分鐘
⏱ 烹製時間：10 分鐘
👨‍👩‍👧‍👧

材料
花生油 1 大匙
泰國紅咖哩醬 1½ ～ 2 大匙
（作法見第 13 頁）
椰漿 200 毫升
蔬菜高湯 250 毫升
酸子（羅望子）醬 1 大匙
泰式魚露 1 大匙
棕櫚糖（或紅糖）1 大匙
綠花椰菜（西蘭花）的花朵部位 200 克
四季豆 200 克（切成 2.5 公分）
厚白魚片 450 克（去皮切塊）
罐裝竹筍瀝乾（可不用）150 克
九層塔葉少許（裝飾）
萊姆（青檸）角適量（搭配佐餐）

作法

1 大的炒鍋或平底煎鍋中倒入油，以中火加熱，咖哩醬倒入鍋翻炒 1 ～ 2 分鐘。

2 拌入椰漿、高湯、酸子醬、魚露和糖一起煮滾，關小火，續煨煮 2 ～ 3 分鐘。

3 加入花椰菜和四季豆，小火煮 2 分鐘，拌入魚，續煨煮 3 ～ 4 分鐘，或至剛熟透（如果有竹筍，可以拌入料理中）。

4 完成後舀入溫熱的碗中，撒上九層塔，與萊姆角一同上桌。

🥄 **多一味**

泰式混和海鮮咖哩
Thai Mixed Seafood Curry

1. 以紅蘿蔔 1 大根切薄片和紅椒 1 顆切薄片取代花椰菜和四季豆。

2. 製作方法同上述步驟，只是改用剝殼去腸泥的生大明蝦 12 隻、切好的魷魚圈 125 克和刷淨並去除帶毛內臟的淡菜 500 克取代魚。

3. 小火煮至淡菜開口，丟掉沒有開口的淡菜；另去掉竹筍，改放新鮮或罐裝鳳梨塊 200 克，上菜方式同上。

酸甜咖哩鮭魚
Sweet & Sour Salmon Curry

🕐準備時間：15 分鐘

🕐烹製時間：20 分鐘

👪👪

材料

鮭魚

泰式魚露 1 大匙

棕櫚糖（或紅糖）1 小匙

檸檬草（香茅）2 株（搗碎）

水 600 毫升

檸檬汁 2 大匙

酸子醬 1 大匙

鳳梨（菠蘿）200 克（切塊）

去皮鮭魚 4 片（每片約 200 克）

咖哩醬

去皮大蒜 2 瓣

紅辣椒乾 5 根

海鹽 1 大撮

薑黃粉 1 小匙

切碎的檸檬草 2 大匙（去除外面硬葉）

蝦醬 1 大匙

作法

1 將製作咖哩醬的所有食材放入迷你攪拌機攪拌至滑順，必要時加點水。

2 攪拌完成的咖哩醬移至寬口深平底鍋，加魚露、糖、檸檬葉和水 400 毫升，煮滾，調小火煮 8 ～ 10 分鐘。

3 將檸檬汁、酸子醬及水 200 毫升混合，與鳳梨一起放入鍋裡拌勻。

4 加入鮭魚片，以小火煮 8 ～ 10 分鐘至熟透。離火，佐以泰國香米。

🥣 多一味

快速泰式鱈魚紅咖哩
Quick Thai Red Cod Curry

1. 大平底煎鍋噴上一層薄油，放入切細末的大蒜 2 瓣、切細片的紅蔥頭 4 顆、磨碎的生薑 2 小匙和泰式紅咖哩醬 2 大匙（作法見第 13 頁）翻炒 2 ～ 3 分鐘。

2. 加入低脂椰奶 400 毫升、龍舌蘭糖漿 1 小匙和魚高湯 200 毫升，煮滾。

3. 鱈魚片 750 克切塊放入鍋煮 5 ～ 6 分鐘，或至熟透。離火，佐以泰國香米。

咖哩葉番茄明蝦
Curry Leaf & Tomato Prawns

🕐 準備時間：15 分鐘

🍳 烹製時間：15 ～ 20 分鐘

👫👫

材料

花生油 1 大匙

咖哩葉 10 ～ 12 片

大紅蔥頭 2 顆（切半後切細片）

大蒜 2 小匙（磨細末）

生薑 1 小匙（去皮磨細末）

茴香籽 1 大匙

中辣咖哩粉 1 大匙（作法見第 12 頁）

熟番茄 6 顆（去皮、去籽並切碎）

生斑節明蝦 750 克（去殼去腸）

鹽少許

作法

1 大的炒鍋或平底煎鍋倒入油，以中火加熱，咖哩葉放入鍋翻炒 30 秒。

2 加入紅蔥頭續炒 4 ～ 5 分鐘，加入大蒜、薑和茴香籽，轉小火煮 2 ～ 3 分鐘。

3 撒上咖哩粉，番茄連汁加入，開大火翻炒 3 ～ 4 分鐘。

4 明蝦加入鍋，大火續煮 6 ～ 7 分鐘，至明蝦變淡紅色及剛熟透即可。

5 離火，依個人喜好調味，佐以米飯或芝麻香料馬鈴薯泥。

🥘 多一味

芝麻馬鈴薯泥
Crushed Sesame Spiced Potatoes

1. 中型馬鈴薯去皮 4 顆，切成 1 公分的小丁，煮 12 分鐘或至變軟，再徹底瀝乾。

2. 用大的平底煎鍋，倒入花生油 1 大匙以大火加熱。

3. 放入芝麻籽 1 大匙、孜然籽 2 小匙、紅辣椒粉 2 小匙、薑黃粉 ¼ 小匙和馬鈴薯。翻炒 6 ～ 8 分鐘，用湯匙背輕輕壓碎，即可上桌。

串烤提卡鮟鱇魚
Monkfish Tikka Kebabs

🕐 準備時間：15 分鐘

🍳 烹製時間：8 ～ 10 分鐘

👨‍👩‍👧

材料

烤魚

鮟鱇魚片 750 克（切塊）

紅椒 2 顆（去核、去籽並切塊）

黃椒 2 顆（去核、去籽並切塊）

鹽和胡椒適量

香菜（芫荽）和薄荷葉（切碎裝飾用）

萊姆（青檸）角少許（搭配佐餐）

提卡醃醬

天然脫脂優格 350 毫升

洋蔥 2 大匙（磨細末）

大蒜 1 大匙（磨細末）

生薑 1 大匙（去皮磨細末）

萊姆（青檸）汁 2 顆量

提卡咖哩粉 3 大匙

◆ tips：提米醃醬是由多種香料和酸奶混合的印度醃醬，通常用來醃肉。

作法

1 將製作提卡醃醬食材放在大碗裡混合，放入魚肉和紅、黃椒攪拌，讓醃醬均勻裹住魚肉；封好放入冰箱冷藏醃 1 ～ 2 小時。

2 燒烤架或烤肉架預熱至大火，用金屬籤 8 根串起魚肉和甜椒，每面烤 4 ～ 5 分鐘，至魚肉剛熟透即可。

3 用香菜和薄荷切碎作為裝飾，搭配可供擠汁調味的檸檬角。

 多一味

鮟鱇魚提卡捲餅
Monkfish Tikka Wraps

1.按照上述作法烹煮魚肉和甜椒，從金屬籤上取下魚肉和甜椒。

2.將中型印度薄煎餅或玉米薄餅 8 片加熱，放上少許生菜絲，魚肉和甜椒分為 8 份，每份淋上脫脂鮮奶酪少許，捲好，即可上桌。

簡易咖哩煮魚和馬鈴薯
Simple Fish & Potato Curry

🕐 準備時間：40 分鐘

🕐 烹製時間：20 分鐘

👨👩👧👧

材料

生薑 40 克（去皮磨碎）

薑黃粉 1 小匙

蒜 2 瓣（壓碎）

中辣咖哩醬 2 小匙

天然脫脂優格 150 毫升

白肉魚片 625 克（去皮切塊）

花生油 2 大匙

洋蔥 1 大顆（切片）

肉桂棒 1 根（切半）

棕櫚糖（或紅糖）2 小匙

月桂葉 2 片

罐裝番茄丁 400 克

魚高湯 300 毫升

蠟質馬鈴薯 500 克（切塊）

香菜（芫荽）葉少許（切碎）

鹽和胡椒適量

作法

1 薑和薑黃、大蒜及咖哩醬放入大碗裡，拌入優格，加入魚後攪拌，使醬汁均勻裹住魚肉。

2 取一大的深平底鍋熱油，放入洋蔥、肉桂、糖和月桂葉，輕炒至洋蔥變軟。

3 加入番茄、高湯和馬鈴薯一起煮滾，不加蓋，煮約 20 分鐘，至馬鈴薯變軟及醬汁變濃稠。

4 魚肉連醬汁入鍋，轉最小火，煮約 10 分鐘或至魚肉熟透即可，上菜前拌入香菜。

🥄 **多一味**

自製魚高湯
Homemade Fish Stock

1. 取大的深平底鍋，放入一小塊奶油融化，將紅蔥頭 2 顆切粗末、大蔥 1 根、芹菜 1 根或茴香球莖 1 顆入鍋輕炒。

2. 倒入白肉魚骨 1 公斤、頭和碎塊或明蝦殼、西芹少許、檸檬 ½ 顆、胡椒粒 1 小匙。

3. 加入冷水，蓋過食材煮至接近沸騰的狀態，不加蓋，設定最小火煮 30 分鐘，過篩後放涼。

新加坡咖哩干貝
Singapore Curried Scallops

🕐 準備時間：10 分鐘
🕐 烹製時間：5 分鐘

👪👪

材料

新鮮大干貝（帶子）24 個

微辣咖哩粉 3 大匙（作法見第 12 頁）

花生油 1 大匙

淡醬油 4 大匙

米酒 2 大匙

新鮮紅辣椒 2 根（切細片）

生薑塊 7 公分長（去皮切細絲）

青蔥 6 根（切細片）

鹽和胡椒適量

作法

1 干貝放在盤上，撒上咖哩粉攪拌均勻。

2 取大的不沾平底煎鍋熱油，油熱時，放入干貝，每顆之間留些許距離，每面炙燒 1 ～ 2 分鐘，然後將干貝盛出排在溫熱過的大盤子。

3 將醬油和酒混合，撒在干貝上。每顆干貝上放少許辣椒、薑和青蔥，搭配蛋炒飯。

🥄 多一味

微辣干貝和椰子咖哩
Mild Scallop & Coconut Curry

1. 取大平底煎鍋倒入花生油 1 大匙加熱。

2. 放入洋蔥 1 顆切碎、紅辣椒 1 根去籽切細末、大蒜 2 瓣切碎和薑 1 小匙切細蓉，翻炒 3 ～ 4 分鐘或至洋蔥變軟。

3. 加入微辣咖哩粉（作法見第 12 頁）1 大匙，翻炒 1 分鐘，倒入低脂椰奶 400 毫升和濃縮番茄醬 200 毫升，煮滾後調為中火，煮 6 ～ 8 分鐘，持續攪拌。

4. 拌入新鮮大干貝 24 顆，煮 4 ～ 5 分鐘，或至剛熟透。離火，盛入溫熱的碗裡，搭配白飯。

黃咖哩煮鮭魚
Yellow Salmon Curry

🕐 準備時間：15 分鐘

🍳 烹製時間：25 ～ 30 分鐘

👯👯

材料

大蒜 3 瓣（磨細末）

新鮮綠辣椒 2 根（去籽並切碎）

生薑 2 小匙（去皮磨細末）

花生油 1 大匙

洋蔥 1 顆（切細末）

薑黃粉 1 大匙

低脂椰奶 200 毫升

水 200 毫升

馬鈴薯 2 顆（去皮切丁）

厚鮭魚（三文魚）排 4 片（每片約 200 克）

番茄 2 顆（切粗丁）

鹽少許

香菜（芫荽）葉少許（切碎，裝飾用）

作法

1 用研缽和杵搗碎大蒜、辣椒和薑至均勻糊狀為香料糊。

2 取大的不沾鍋或深平底鍋倒入油，以中火加熱；香料糊倒入鍋中，翻炒 2 ～ 3 分鐘，加入洋蔥和薑黃，續翻炒 2 ～ 3 分鐘至有香味。

3 拌入椰奶、水、馬鈴薯，煮滾轉小火，煨煮 10 ～ 12 分鐘，偶爾攪拌。

4 魚用鹽調味，和番茄一起入鍋，繼續煮滾，轉文火煮 6 ～ 8 分鐘至魚熟透；離火，以香菜碎為裝飾，搭配白飯。

🥣 多一味

淡菜黃咖哩
Yellow Mussel Curry

1. 以淡菜（刷淨並去帶毛內臟）1 公斤取代鮭魚，蓋上鍋蓋，大火煮 6 ～ 8 分鐘或至淡菜開口，撈掉沒開口的淡菜。

2. 離火，以香菜葉裝飾，搭配酥脆的麵包，趁熱上桌。

香料咖哩煮鱈魚和番茄
Spicy Cod & Tomato Curry

🕒 準備時間：15 分鐘

🍳 烹製時間：40 ～ 50 分鐘

👫👫👧

材料

檸檬汁 60 毫升

米酒醋 60 毫升

孜然籽 2 大匙

大辣咖哩粉 2 大匙
（作法見第 12 頁）

鹽 1 大撮

厚鱈魚片 750 克（去皮切塊）

花生油 1 大匙

洋蔥 1 顆（切細末）

蒜 3 瓣（切細末）

生薑 2 小匙（去皮磨細末）

罐裝番茄丁 2 罐（每罐 400 克）

龍舌蘭糖漿 1 小匙

作法

1 檸檬汁、醋、孜然籽、咖哩粉及鹽一起放入非金屬淺碗裡混合，加入魚攪拌使醬料均勻裹住魚肉，封好放入冰箱冷藏醃 25 ～ 30 分鐘。

2 有蓋的炒鍋或大的平底煎鍋中倒入油，以大火加熱；油熱時，洋蔥、大蒜和薑入鍋，調小火煮 10 分鐘，偶爾攪拌。

3 放入番茄和龍舌蘭糖漿，拌勻並煮滾。關小火，上蓋，小火煮 15 ～ 20 分鐘，偶爾攪拌。

4 加入作法 1 的醃魚和醃汁，輕輕攪拌混合；上蓋，煨煮 15 ～ 20 分鐘，至魚肉熟透；舀入淺碗，並與蒸熟的印度香米一同上桌。

🥄 多一味

鱈魚番茄印度香飯
Cod & Tomato Biryani

1. 中辣咖哩粉（作法見第 12 頁）1 大匙放入中型深平底鍋，加入月桂葉 1 片、肉桂棒 1 根、番紅花 1 大撮、小豆蔻 4 莢壓碎、丁香 3 粒、番茄糊 6 大匙和印度香米 300 克。

2. 注入熱魚高湯 650 毫升，攪拌均勻，煮滾，輕輕拌入去皮切大塊的鱈魚片 400 克。

3. 轉小火，蓋鍋，煮 10 ～ 12 分鐘，或至湯汁完全收乾；離火後悶 10 ～ 15 分鐘，用叉子將米粒翻鬆即可。

喀拉拉邦咖哩鯖魚
Kerala Mackerel Curry

🕐 準備時間：10 分鐘，加浸泡時間
⏱ 烹製時間：15 ～ 20 分鐘

👫👧

材料

喀什米爾辣椒乾 4 根（熱水浸泡 30 分鐘）

紅椒粉 1 大匙

微辣咖哩粉 2 大匙（作法見第 12 頁）

新鮮椰子 150 克（刨絲）

低脂椰奶 200 毫升

水 200 毫升

酸子（羅望子）醬 2 大匙

新鮮綠辣椒 2 根（縱向切半）

生薑 1 大匙（去皮磨細末）

洋蔥 1 小顆（切細末）

鯖魚（吞拿魚）片 750 克

鹽少許

作法

1 將浸泡過的辣椒乾、紅椒粉、咖哩粉和椰子放入食物處理機，加入椰奶，拌打均勻成糊狀為香料糊。

2 將香料糊移入寬口深平底鍋，倒入水，攪拌均勻，以中小火煮至接近微沸狀態。

3 加入酸子醬、綠辣椒、薑和洋蔥，攪拌後以文火煮 2 ～ 3 分鐘。

4 魚入鍋，攪拌一次，上蓋，煨煮 10 ～ 15 分鐘，至魚剛熟；連同蒸好的飯趁熱上桌。

🥄 **多一味**

燒烤香料鯖魚
Grilled Spiced Mackerel

1. 在塗有薄油的燒烤架上排好鯖魚片 8 片，皮朝上；每片魚劃 3 ～ 4 道斜刀。

2. 將中辣咖哩粉（作法見第 12 頁）2 大匙、檸檬汁 4 大匙、大蒜和薑壓碎各 2 小匙、椰漿 2 大匙混合。

3. 將作法 2 的混和香料塗抹在魚片上，在中大火的燒烤爐烤 8 ～ 10 分鐘或至熟透。

香料咖哩螃蟹
Spicy Crab Curry

🕐 準備時間：15 分鐘
🕐 烹製時間：40 分鐘

👪👪👪

材料

煮好的新鮮螃蟹 2 隻（每隻約 750 克）

洋蔥 3 顆（切細末）

大蒜 6 瓣（切細末）

生薑 1 大匙（去皮磨細末）

葫蘆巴籽 ½ 小匙

咖哩葉 10 片

肉桂棒 1 根

辣椒粉 2 小匙

薑黃粉 1 小匙

低脂椰奶 400 毫升

鹽和胡椒少許

作法

1 將每隻螃蟹分割成塊，先剝掉殼，然後拔掉兩隻大螯，並用鋒利的刀子連腳將身體切成兩大塊。

2 洋蔥、大蒜、薑、葫蘆巴籽、咖哩葉、肉桂、辣椒、薑黃和椰奶放入大的深平底鍋，上蓋，煨煮 30 分鐘。

3 作法 1 的螃蟹加入作法 2 的醬汁中烹煮，煮 10 分鐘至熟透即可享用。

🥄 多一味

香料螃蟹天使義大利麵
Spicy Crab with Angel Hair Pasta

1. 按照包裝說明煮天使麵 375 克。

2. 另取大的平底煎鍋倒入花生油 1 大匙，以小火加熱。

3. 加入大蒜 3 瓣切細末、紅辣椒 1 根切細末、青蔥 6 根切細末、低脂椰奶 6 大匙和白蟹肉 400 克，翻炒 3 ～ 4 分鐘為螃蟹醬。

4. 瀝乾煮好的天使麵加入螃蟹醬裡，拌勻。

斯里蘭卡咖哩干貝
Sri Lankan Scallop Curry

🕐 準備時間：10 分鐘
⏱ 烹製時間：20 ～ 25 分鐘

材料

花生油 1 大匙

薑黃 ¼ 小匙

孜然籽 1 小匙

新鮮紅辣椒 2 根（去籽切碎）

洋蔥 1 顆（切細末）

番茄 6 顆（去皮、去籽切丁）

中辣咖哩粉 3 大匙（作法見第 12 頁）

椰漿 1 大匙

孜然粉 1 小匙

瑪撒拉綜合香料 1 小匙

新鮮大干貝 400 克

香菜（芫荽）葉少許（切細末）

鹽和胡椒少許

作法

1 取平底煎鍋倒入油，以小火加熱；薑黃、孜然籽和辣椒入鍋炒香，加入洋蔥，小火煮 10 分鐘至變軟，但不要炒出焦色。

2 拌入番茄和咖哩粉，煨煮 5 分鐘，或至番茄煮成濃汁；拌入椰漿、孜然粉和瑪撒拉綜合香料。

3 干貝入鍋，煮數分鐘至干貝剛熟透。試嘗味道，必要時再調整，拌入香菜。

🍵 多一味

自製瑪撒拉綜合香料
Homemade Garam Masala

1. 將香菜籽 4 大匙、孜然籽 2 大匙、黑胡椒粒 1 大匙、薑粉 1 大匙、小豆蔻籽 1 小匙、丁香 4 粒、肉桂棒 1 根和乾月桂葉 1 片壓碎放入平底煎鍋。

2. 以中小火乾烘幾分鐘至有香味，離火，放涼。

3. 倒入迷你攪拌器或乾淨的電動咖啡磨豆機，磨成細粉，以密封罐保存可達一個月，放冰箱冷藏可保存 3 個月。

咖哩芒果明蝦
Mango & Prawn Curry

🕐 準備時間：10 分鐘
🕐 烹製時間：20 ～ 25 分鐘
👩👩👩

材料

大蒜 3 瓣（壓碎）

生薑 2 小匙（去皮磨細末）

香菜（芫荽）粉 2 大匙

孜然粉 2 小匙

辣椒粉 1 小匙

紅椒粉 1 小匙

薑黃粉 ½ 小匙

棕櫚糖（或紅糖）1 大匙

水 400 毫升

綠芒果 1 顆（去皮、去籽切薄片）

低脂椰奶 400 毫升

酸子（羅望子）醬 1 大匙

生斑節明蝦 625 克（去殼去腸）

新鮮香菜（芫荽）1 小束

鹽少許

作法

1 將大蒜、薑、香菜粉、孜然、辣椒粉、紅椒粉、薑黃和糖放入大的炒鍋或平底煎鍋；倒入水混合均勻，煮滾後關小火，上蓋，煮 8 ～ 10 分鐘。

2 芒果、椰奶和酸子醬入鍋拌勻，煮滾後加入明蝦，關小火煮 6 ～ 8 分鐘。

3 撕下一半的香菜葉，放入咖哩醬，續煮 2 分鐘，至明蝦變淡紅色及剛煮透。

4 用剩餘的香菜裝飾，搭配蒸好的印度香米。

🍲 **多一味**

咖哩煮雞肉和紅薯
Chicken & Sweet Potato Curry

1. 作法同上，將香料放入水中熬煮。

2. 去掉芒果和明蝦，改用去皮切丁的紅薯 1 小顆和去皮切丁的雞胸肉片 500 克，搭配椰奶和酸子醬。

3. 煮滾，關小火熬煮 20 分鐘至雞肉熟透，加香菜，如上述搭配煮好的印度香米。

meat
肉類

馬德拉斯咖哩燉牛肉馬鈴薯
Beef & Potato Madras

🕐 準備時間：15 分鐘，加醃肉時間

🍴 烹製時間：2 ～ 3 小時

👫👫👫

材料

天然無脂優格 5 大匙

馬德拉斯咖哩粉 5 大匙

牛里脊瘦肉（牛柳肉）625 克 (切塊)

花生油 2 大匙

洋蔥 1 大顆 (切細片)

大蒜 3 瓣 (壓碎)

生薑 1 小匙 (去皮磨細末)

番茄 2 顆 (去皮切成 2.5 公分)

罐裝番茄丁 400 克

牛肉高湯 400 毫升

瑪撒拉綜合香料 ¼ 小匙

鹽少許

香菜（芫荽）葉 (切碎，裝飾用)

作法

1 優格放入非金屬的大碗裡，和咖哩粉混合，加入肉拌勻，放入冰箱冷藏醃 24 小時。

2 有蓋的不沾大炒鍋或平底煎鍋倒入油以中火加熱；洋蔥放入鍋翻炒 4 ～ 5 分鐘至軟；加大蒜、薑，繼續翻炒 30 秒。

3 調小火，將醃好的肉放入鍋，翻炒 10 ～ 15 分鐘，加入馬鈴薯、番茄和高湯，煮滾。

4 火調到非常小 (可以使用熱擴散器)，蓋上鍋蓋，燉煮 90 分鐘～ 2 小時至肉軟爛，偶爾攪拌；香菜碎為裝飾。

🥄 **多一味**

自製馬德拉斯咖哩粉
Homemade Madras Curry Powder

1. 乾烘香菜籽 8 大匙、孜然籽 6 大匙、黑芥末籽 1 大匙和茴香籽 1 大匙放入不沾平底煎鍋，以小火加熱，至香料種籽開始「爆裂」。

2. 加入肉桂粉 4 大匙、黑胡椒粒 8 大匙、磨碎的肉豆蔻 1 小匙、丁香 1 大匙、小荳蔻粉 2 大匙、薑黃粉 2 大匙、薑粉 2 大匙、辛辣辣椒粉 2 大匙。

3. 繼續加熱，輕炒 2 分鐘，待涼後將鍋中香料倒入迷你攪拌器或乾淨的電動咖啡磨豆機，磨成細粉，以密封罐可保存一個月，冷藏 3 個月。

檸檬草咖哩豬肉
Pork & Lemon Grass Curry

🕐 準備時間：20 分鐘

⏲ 烹煮時間：約 1 小時

👫👫

材料

花生油 1 大匙

紅蔥頭 6 顆 (切細末)

新鮮紅辣椒 1 根 (切薄片)

高良薑 2 小匙 (去皮磨細末)

檸檬草（香茅）6 大匙 (去外面硬葉，切細末)

蒜泥 2 小匙

壓碎的葫蘆巴籽 2 小匙

孜然粉 1 大匙

薑黃粉 1 小匙

酸子（羅望子）醬 1 大匙

萊姆 1 顆 (果皮泥加果汁)

低脂椰奶 400 毫升

雞高湯 400 毫升

小顆新馬鈴薯 12 顆

紅椒 2 顆 (去核、去籽、切塊)

瘦里脊肉（梅頭豬肉）625 克 (切塊)

鹽和胡椒適量

作法

1 大的不沾炒鍋或平底煎鍋倒入油，以中大火加熱，放入紅蔥頭、辣椒、高良薑、檸檬草、大蒜、葫蘆巴籽、孜然和薑黃，翻炒 2 ～ 3 分鐘至變軟及有香氣。

2 拌入酸子醬、檸檬皮和汁、椰奶、高湯、馬鈴薯、紅椒，煮滾，蓋上鍋蓋，關小火煨煮 25 分鐘，偶爾攪拌。

3 豬肉入鍋，不蓋鍋，文火燉煮 25 ～ 30 分鐘至軟嫩；舀入溫熱的碗，搭配米飯享用。

🥣 多一味

咖哩豬肉檸檬草肉餅
Curried Pork & Lemon Grass Patties

1. 豬肉末 750 克放入大碗，加入青蔥 4 根切片、紅辣椒 1 根切碎、萊姆 1 顆磨碎皮和榨汁、醬油 1 大匙、檸檬草醬 2 大匙、切碎的香菜葉 4 大匙。

2. 再放入打散的蛋 (約 1 顆)，將所有材料融合，做成肉餅 8 塊，排放在鋪上防油紙的盤子上，覆蓋並冷藏 3 ～ 4 小時或一晚。

3. 將冷藏好的肉餅移至燒烤架，噴上烹飪油，在預熱好的烤爐下每面烤 6 ～ 8 分鐘，或至熟透。

豌豆羊肉白咖哩
Pea & Lamb Korma

🕐 準備時間：10 分鐘
🕒 烹製時間：30 分鐘

👨‍👩‍👧‍👧

材料

花生油 2 大匙

洋蔥 1 顆（切碎）

大蒜 2 瓣（壓碎）

馬鈴薯 250 克（切丁）

羊肉末 500 克

白咖哩粉 1 大匙

新鮮或冷凍豌豆 200 克

蔬菜高湯 200 毫升

芒果酸辣醬 2 大匙

鹽和胡椒少許

香菜（芫荽）葉少許（切碎，裝飾用）

作法

1 取大的深平底鍋倒入油加熱，洋蔥和大蒜入鍋煮 5 分鐘，至洋蔥變軟並開始變焦褐色。

2 加入馬鈴薯和羊肉煮 5 分鐘，或至肉變焦黃，過程中用木匙翻炒將肉打散。

3 咖哩粉放入鍋，攪拌 1 分鐘，加入剩下的食材，煮滾後蓋緊蓋子，關小火煮 20 分鐘。

4 用香菜裝飾，搭配天然優格和印度薄煎餅即可享用。

 多一味

香料印度捲餅
Spicy Indian Wraps

1. 將西生菜 200 克切細絲和紅蘿蔔 1 根刨粗絲放入碗裡翻拌為生菜絲。

2. 利用底部有橫紋的平底煎鍋加熱麵粉薄餅 8 大片，每面烤 1～2 分鐘，然後在每片薄餅中間堆放混拌好的生菜絲。

3. 將上面作法的咖哩均分放在餅皮上，包捲餡料，搭配天然優格。

慢煮芳香咖哩豬肉
Slow-Cooked Aromatic Pork Curry

🕐 準備時間：10 分鐘

🍳 烹製時間：2.5～3 小時

👩👩👩

材料

五花肉 750 克 (去除多餘肥肉並切塊)

雞高湯 400 毫升

淡醬油 75 毫升

柳橙 1 大顆 (磨細末的果皮和果汁)

生薑 1 大匙 (去皮切細絲)

大蒜 2 瓣 (切片)

喀什米爾紅辣椒乾 1 根

中辣咖哩粉 2 大匙 (作法見第 12 頁)

辛辣辣椒粉 1 大匙

黑砂糖 1 大匙

肉桂棒 3 根

丁香 3 粒

黑胡椒粒 10 粒

八角 2～3 粒

鹽 適量

作法

1 豬肉放入大的深平底鍋或砂鍋，倒入水淹過豬肉，大火煮滾，蓋上鍋蓋，轉小火煨煮 30 分鐘；瀝乾後豬肉和其餘食材回鍋。

2 再次倒入剛好足以淹過豬肉的水，大火煮滾，蓋緊，關小火，煨煮 1.5 小時，稍微攪拌。

3 掀蓋，煨煮 30 分鐘至肉軟爛，過程中稍攪拌，搭配蒸好的亞洲綠色蔬菜及米飯一起上桌。

🥘 多一味

慢煮芳香羊肉咖哩
Slow-Cooked Aromatic Lamb Curry

1. 大的深平底鍋內倒入花生油 1 大匙，大火加熱，加入切塊的羔羊瘦肉 750 克，花 4～5 分鐘煎成焦黃色。

2. 拌入洋蔥 1 顆切粗末、大蒜 4 瓣切片、磨碎的薑 2 小匙、喀什米爾紅辣椒乾 2 根、肉桂棒 1 根、八角 1 粒、綠豆蔻 4 夾和微辣咖哩粉 (作法見第 12 頁)2 大匙，翻炒 2～3 分鐘。

3. 加入去皮、去籽並切粗丁的番茄 4 顆和羊或雞高湯 750 毫升，煮滾，蓋上鍋蓋，小火煮 1.5 小時，或至羊肉軟爛，搭配米飯。

芳香越南牛肉咖哩
Fragrant Vietnamese Beef Curry

🕐 準備時間：15 分鐘

🍴 烹製時間：20 ～ 25 分鐘

👤👤👤

材料

花生油 2 大匙

薄菲力牛排（牛柳）750 克 (切成條狀)

洋蔥 1 顆 (切成條狀)

大蒜 4 瓣 (壓碎)

新鮮紅辣椒 1 根 (切細片)

八角 2 粒

豆蔻籽 1 小匙 (壓碎)

肉桂棒 1 根

四季豆 300 克 (去頭、尾，剝絲)

紅蘿蔔 1 根 (切成條狀)

泰式魚露 2 大匙

磨豉醬 2 大匙

香菜（芫荽）葉末少許

薄荷葉末少許

作法

1 取大的不沾平底煎鍋，加熱一匙的花生油，分批翻炒牛肉 1 ～ 2 分鐘。用漏勺盛出牛肉並保溫。

2 用平底煎鍋加熱剩下的花生油，洋蔥翻炒 4 ～ 5 分鐘至軟，加入大蒜、辣椒、八角、豆蔻、肉桂、四季豆和紅蘿蔔，翻炒 6 ～ 8 分鐘。

3 牛肉回鍋，加入魚露和磨豉醬，翻炒 3 ～ 4 分鐘或至熟透，離火，上菜前撒上香菜末和薄荷葉末。

🥢 多一味

新鮮牛肉春捲
Fresh Beef Spring Rolls

1. 將春捲皮米紙 8 大張浸泡在溫水裡 3 ～ 4 分鐘或至軟可摺，用廚房紙巾拍乾，攤開在乾淨的工作檯面上。

2. 將西生菜葉 6 片切細絲，平均放在米紙上；每張米紙再放上牛肉咖哩 (作法如上)3 大匙，沿著米紙中間成堆排好，將米紙由下往上拉起蓋住餡料，仔細將春捲皮的兩邊內裹，並小心地往上捲。

3. 捲好後放到盤子裡，用濕布覆蓋，繼續包剩下的春捲；建議立刻食用，否則春捲皮會乾掉變硬。

香料羊排
Spicy Marinated Lamb Chops

🕐 準備時間：10 分鐘，加醃肉時間

🍴 烹製時間：8 ～ 10 分鐘

👫👫👫

材料

香料羊排

羊排 12 塊

天然脫脂優格 125 毫升

番茄糊 4 大匙

中辣咖哩醬 4 大匙

蒜蓉 1 小匙

去皮生薑泥 1 小匙

海鹽 1 大撮

檸檬汁 3 大匙

配餐

紅洋蔥 1 顆 (切片)

番茄 4 顆 (切片)

黃瓜 ½ 根 (切片)

作法

1 羊排平排在非金屬淺盤內，加入優格、番茄糊、咖哩醬、大蒜、薑、海鹽及檸檬汁混合，搓揉羊排入味，封好後放於冰箱冷藏醃 4 ～ 5 小時或一整晚。

2 烤爐預熱至攝氏 220 度，大烤盤內襯錫箔紙，羊排平排在烤盤內，放入預熱好的烤爐裡烤 8 ～ 10 分鐘 (中途需翻面)，或至個人喜歡的熟度。

3 佐以洋蔥圈、番茄、小黃瓜切片。

 多一味

香料串烤牛肉
Spicy Beef Skewers

1. 牛里脊瘦肉 750 克切大塊，放入非金屬盤裡，將上述作法 1 的醃料混合後淋在牛肉上，拌混均勻，放於冰箱冷藏醃 6 ～ 8 小時或一晚。

2. 準備要煮時，用金屬籤 8 根串起醃好的牛肉，在中熱火烤溫的烤爐下，每面烤 3 ～ 4 分鐘，或至個人喜愛的熟度，搭配饢餅和黃瓜薄荷優格沙拉 (作法見第 111 頁)。

咖哩牛肉派
Curried Veal Pie

🕐 準備時間：10 分鐘
🕐 烹製時間：1 小時

👫👫👫

材料

小牛肉末 500 克

洋蔥 1 大顆 (切細末)

大蒜 2 瓣 (壓碎)

大辣咖哩粉 2 大匙 (作法見第 12 頁)

芒果酸辣醬 3 大匙

新鮮或冷凍豌豆 200 克

紅蘿蔔 1 大根

蘇丹娜葡萄乾 50 克

天然脫脂優格 400 毫升

蛋 4 顆

香菜（芫荽）葉大量 (切細末)

鹽和胡椒少許

分鐘至滾燙，且表面凝固呈金黃色，搭配新鮮綠色蔬菜沙拉。

作法

1 烤爐預熱至攝氏 180 度。取大的不沾平底煎鍋，噴上烹飪油，以中火加熱，小牛肉末入鍋翻炒 2 ～ 3 分鐘，不停攪拌至肉變色。

2 放入洋蔥，續煮 4 ～ 5 分鐘，稍微攪拌至洋蔥開始變軟，且肉末略呈焦黃。

3 加入大蒜和咖哩粉，翻炒 1 ～ 2 分鐘，讓香料入味；離火，拌入芒果酸辣醬、豌豆、紅蘿蔔和蘇丹娜葡萄乾，混和均勻後舀入耐烤淺盤，並用湯匙背面壓實。

4 優格與蛋打散，拌入香菜末，均勻淋蓋在肉上。

5 作法 4 放入預熱好的烤爐裡烤 45 ～ 50

 多一味

香料咖哩煮小牛肉豌豆
Spicy Veal & Pea Curry

1. 取大的深平底鍋，噴上烹飪油；洋蔥 1 顆切細末放入鍋，以小火煮 15 ～ 20 分鐘至軟，加入大蒜和生薑各 2 小匙、紅辣椒 2 根切細片、孜然籽 1 大匙和大辣咖哩醬 2 大匙，大火翻炒 1 ～ 2 分鐘。

2. 放入小牛肉末 750 克入鍋，翻炒 3 ～ 4 分鐘，加入罐裝番茄丁 400 克、龍舌蘭糖漿 1 小匙和番茄糊並煮滾。

3. 上蓋，小火煮 1.5 小時，關火前 10 分鐘，加入 2 大匙椰奶和 200 克豌豆。佐以白飯上桌。

果阿咖哩豬肉
Goan Pork Vindaloo

🕐 準備時間：25 分鐘，加醃肉時間
🕐 烹製時間：1 小時 40 分鐘
👪👪

材料

孜然籽 2 小匙 (乾烘)

紅辣椒乾 6 根

小豆蔻籽 1 小匙 (壓碎)

肉桂棒 1 根

黑胡椒籽 10 粒

大蒜 8 瓣 (壓碎)

紅酒醋 5 大匙

去骨豬肉 625 克 (切塊)

花生油 1 大匙

洋蔥 1 顆 (切細末)

大辣咖哩粉 2 大匙

馬鈴薯 4 顆 (去皮切 4 等份)

番茄糊 6 大匙

糖 1 大匙

罐裝番茄丁 400 克

雞高湯 200 毫升

鹽和胡椒少許

作法

1 孜然、辣椒、小豆蔻、肉桂、胡椒粒、
大蒜和醋放入迷你攪拌器，攪拌均勻為
香料糊。

2 豬肉放入非金屬盤，淋上香料糊，搓揉豬
肉入味，封好後放入冰箱冷藏醃 24 小時。

3 取大的深平底鍋熱油，洋蔥入鍋翻炒 3 ～
4 分鐘，加入咖哩粉和豬肉，翻炒 3 ～ 4
分鐘，拌入馬鈴薯、番茄糊、糖、番茄
丁和高湯煮滾。

4 蓋緊鍋蓋，關小火，燉煮 1.5 小時或至
豬肉軟嫩；搭配白飯。

 多一味

木瓜薄荷優格沙拉
Papaya and Mint Raita

1. 天然脫脂優格 200 毫升和薄荷葉少許
切碎混和。

2. 木瓜 1 小顆切半、去籽削皮再將果肉
切丁，拌入薄荷優格。

加勒比海燉羊肉
Caribbean Lamb Stoba

🕐準備時間：25 分鐘

🥄烹製時間：105 分鐘

👫👫

材料

花生油 2 大匙

羊肉瘦肉 750 克 (切塊)

洋蔥 2 顆 (切細末)

生薑 2 小匙 (磨細末)

蘇格蘭帽辣椒 1 根 (切薄片)

紅椒 1 顆 (去核、去籽、切塊)

綜合香料粉 2 小匙

孜然粉 3 小匙

肉桂棒 1 根

肉豆蔻 1 小撮 (磨碎)

罐裝番茄丁 400 克

櫻桃番茄 300 克

萊姆（青檸）2 顆 (果皮磨細末和果汁)

棉紅糖粉 65 克

新鮮或冷凍豌豆 200 克

鹽和胡椒少許

作法

1 取大的深平底鍋，加熱一半的油，羔羊肉分批煎，煎 3 ～ 4 分鐘至焦黃，漏勺撈起後，放置一旁備備用。

2 鍋子加熱剩下的油，加入洋蔥、薑、辣椒、紅椒和香料，翻炒 3 ～ 4 分鐘，加入煎好的羔羊肉及罐裝櫻桃番茄、萊姆皮和汁及糖。

3 煮滾後調小火，蓋緊鍋蓋，燉煮 1.5 小時或至羊肉軟嫩。

4 上桌前 5 分鐘拌入豌豆，放入溫熱過的盤子，連同米飯一起上桌。

🥄 多一味

加勒比海紅薯秋葵燉羊肉
Caribbean Lamb, Sweet Potato &
Okra Stoba

1. 上述步驟作法 3 燉煮 30 分鐘後，加入去皮切塊的紅薯 500 克。

2. 放入去蒂頭、切厚片的秋葵 250 克以中火炒約 5 分鐘，或至略微焦黃但仍然柔軟的狀態，拌入豌豆，上桌方式同上。

小牛肝咖哩
Calf's Liver Curry

🕐 準備時間：10 分鐘

🍳 烹製時間：40 分鐘

👪

材料

小牛肝 500 克（切薄片）

黑胡椒粒 10 粒

花生油 1 大匙

新鮮紅辣椒 1 根（切細末）

洋蔥 1 顆（切細末）

大蒜 3 瓣（切細末）

生薑 1 小匙（去皮切細末）

大辣咖哩粉 1 大匙（作法見第 11 頁）

檸檬草（香茅）6 大匙

（去除外面硬葉、切細末）

丁香粉 ¼ 小匙

肉桂粉 1 小匙

咖哩葉 10 片

白酒醋 1 大匙

低脂椰奶 500 毫升

薄荷葉 2 大匙（切碎）

香菜（芫荽）葉 2 大匙（切碎）

鹽少許

作法

1 小牛肝放入小的深平底鍋，倒入足夠的水淹過牛肝，加入胡椒粒，用鹽調味，以小火水煮約 10 分鐘，至肝臟剛變硬但裡面還是粉紅色（不要煮過熟，否則會嚼不動）。

2 離火後瀝乾，待冷卻至可處理時將牛肝切成小丁。

3 另取大的平底煎鍋，倒入油以小火加熱，放入辣椒、洋蔥、大蒜和薑，小火炒 10 ～ 12 分鐘至軟。

4 加入剩餘的食材包括小牛肝丁，不蓋鍋蓋，小火燉煮 20 分鐘或至醬汁變濃，佐以饢餅和沙拉。

 多一味

咖哩煎小牛肝
Curried pan-Fried Calf's Liver

1. 將中辣咖哩粉 2 大匙（作法見第 12 頁）和普通麵粉 4 大匙混合，沾裹厚小牛肝 4 片（每片約 200 克）。

2. 大的不沾炒鍋以中高火加熱，牛肝撒油後放入鍋中，每面煎 4 ～ 5 分鐘，或至漂亮的焦黃狀態；離火，佐以新鮮綠蔬沙拉和脆皮麵包。

印度羅根喬希咖哩羊肉
Lamb Rogan Josh

🕐 準備時間：20 分鐘，加醃肉時間
🍳 烹製時間：2 小時
👫👧

材料

羊肉

羔羊瘦肉 1 公斤 (切塊)

罐裝番茄丁 400 克

水 300 毫升

糖 1 小匙

香菜（芫荽）葉 2 大匙 (切碎，另備裝飾用)

醃汁

洋蔥 1 顆 (切粗末)

大蒜 4 瓣 (切粗末)

生薑 2 小匙 (磨碎)

新鮮紅辣椒 1 大根 (切碎)

香菜（芫荽）粉 2 小匙

鹽 1 大撮

孜然粉 1 小匙

薑黃粉 1 小匙

肉桂粉 ½ 小匙

白胡椒粉 ½ 小匙

紅酒醋 2 大匙

作法

1 將所有醃料放入食物處理機，攪拌成均
  勻糊狀；將羔羊肉和醃汁放入非金屬碗
  裡，拌裹均勻，封好後放於冰箱冷藏醃
  一晚。

2 將醃好的肉和醃汁放入深平底鍋，加入
  番茄、水和糖煮滾，調小火，蓋上鍋蓋，
  燉煮 1.5 小時。

3 拌入香菜，不加蓋，續煮 25 ～ 30 分鐘至
  醬汁變濃，以香菜裝飾，搭配米飯上桌。

 多一味

完美的米飯
Perfect Rice

1. 印度香米 300 克放入大的深平底鍋，
   倒入冷水 1.5 公升，和一大撮鹽，煮
   滾後轉小火煨煮 10 分鐘。

2. 米放入篩子瀝乾，將篩子放在深平底
   鍋上，用乾淨的茶巾覆蓋整個篩子和
   鍋子，靜置 5 分鐘，用叉子翻鬆米粒
   即可上桌。

咖哩燉牛肉、紅椒和奶油南瓜
Beef, Red Pepper & Squash Curry

🕐準備時間：15 分鐘

🕐烹製時間：75 分鐘

👪👩‍👧

材料

洋蔥 2 顆 (切細末)

牛里脊瘦肉 750 克 (切塊)

大蒜 2 瓣 (壓碎)

生薑 1 小匙 (去皮磨碎)

喀什米爾紅辣椒乾 1 根

奶油南瓜（長南瓜）500 克

(去皮、去籽、切塊)

紅椒 2 顆 (去核、去籽、切塊)

中辣咖哩粉 4 大匙 (作法見第 12 頁)

水 1 公升

鹽和胡椒少許

香菜（芫荽）葉少許 (切碎，裝飾用)

作法

1 取大的深平底鍋或砂鍋，噴上烹飪油，以中大火加熱，放入洋蔥，小火煮 12 ～ 15 分鐘。

2 加入肉、大蒜、薑、辣椒、奶油南瓜、紅椒和咖哩粉，緩慢攪拌幾分鐘，倒入水拌勻。

3 煮滾後蓋緊鍋蓋，轉小火燉煮 50 ～ 60 分鐘至肉和南瓜變軟，拌入香菜，趁熱和飯一起上桌。

🥣 多一味

咖哩煮羔羊肉、馬鈴薯和南瓜
Lamb,Potato & Pumpkin Curry

1.以切塊羔羊瘦肉 750 克取代牛肉，去皮切塊的南瓜 500 克取代奶油南瓜，去皮切塊的中型馬鈴薯 3 顆取代甜椒。

2.以上述作法烹煮，搭配溫熱的千層餅食用。

曼谷咖哩酸豬肉
Bangkok Sour Pork Curry

🕐準備時間：20 分鐘

🍳烹製時間：2 小時 15 分鐘

👨👨👨

材料

花生油 1 大匙

洋蔥 1 顆 (切細末)

高良薑 1 小匙 (去皮磨細末)

泰式紅咖哩醬 3 大匙 (作法見第 13 頁)

厚豬排 750 克 (切塊)

雞高湯 750 毫升

新鮮香菜根莖 8 大匙 (切細末)

檸檬草（香茅）2 株 (搗碎)

酸子（羅望子）醬 4 大匙

棕櫚糖（或紅糖)1 大匙

卡菲爾萊姆（青檸）葉 6 片

九層塔葉少許 (裝飾用)

作法

1 烤爐預熱至攝氏 150 度。

2 取大的砂鍋熱油，中火炒洋蔥 3 ～ 4 分
鐘，加入高良薑、咖哩醬、豬肉翻炒 4 ～
5 分鐘。

3 注入高湯，放入香菜末、檸檬草、酸子
醬、糖、萊姆葉，煮滾後蓋上鍋蓋，在
預熱好的烤爐煮 2 小時，或至豬肉軟嫩。

4 九層塔為裝飾，以蒸煮好的泰國香米搭
配咖哩。

🥄 多一味

曼谷咖哩酸豬肉麵
Bangkok Sour Pork Curry with Noodles

1.根據包裝說明，煮粗雞蛋麵250克(新
鮮麵口感最好，商店和大型超市的冷
凍食品區裡可以買到，不過乾麵也是
不錯的替代品)。

2.將麵條均分放入 4 個溫熱的碗，淋上
述煮好的咖哩，撒上香菜葉碎及九層
塔碎。

咖哩燉羊肉和蔬菜
Goat & Vegetable Curry

🕐 準備時間：10 分鐘，加醃肉時間
🕐 烹製時間：2 ～ 2 小時 15 分鐘

👧👧👧👧

材料

鹽 1 大撮

現磨黑胡椒粉 1 小匙

中辣咖哩粉 1 大匙 (作法見第 12 頁)

羊瘦肉 750 克 (切塊)

花生油 1 大匙

洋蔥 2 顆 (切半，切厚片)

羊肉高湯 750 毫升

新鮮蘇格蘭帽辣椒 2 根

紅蘿蔔 2 根 (切碎)

芹菜 4 根 (切粗片)

馬鈴薯 4 顆 (去皮切塊)

椰漿 6 大匙

香菜（芫荽）葉少許 (切碎，裝飾用)

作法

1 鹽、胡椒和咖哩粉過篩，揉入肉塊，放置一旁醃 1 小時。

2 取大的深平底鍋倒入油，以中小火加熱，肉和洋蔥入鍋翻煮 10 ～ 12 分鐘，至肉變焦黃且肉汁封住。

3 倒入高湯和辣椒，轉小火，蓋上鍋蓋，燉煮 1.5 小時或至肉軟嫩。

4 加入紅蘿蔔、芹菜、馬鈴薯和椰漿，續煮 20 ～ 30 分鐘，或至蔬菜變軟及肉汁濃稠。

🥣 多一味

加勒比海豆飯
Caribbean Rice & Beans

1. 取深平底鍋，噴上烹飪油，放入青蔥 4 根切片、大蒜 1 瓣切片和蘇格蘭帽辣椒 ¼ 根切細末，小火翻炒 10 ～ 12 分鐘至軟。

2. 放入長米 300 克和磨碎的薑 ½ 小匙，拌炒均勻，加入蔬菜高湯 450 毫升、低脂椰奶 200 毫升、罐裝大紅豆 (又名菜豆和雲豆) 400 克和百里香葉 3 大匙。

3. 煮滾後關小火，蓋上鍋蓋，煨煮 10 ～ 12 分鐘，或至汁液完全被吸收，離火悶 10 ～ 15 分鐘，用叉子將米粒翻鬆。

慢燉咖哩牛肉
Slow-Cooked Beef Curry

🕐 準備時間：20 分鐘

🕑 烹製時間：2 小時 15 分鐘

👪👤

材料

牛肉

花生油 1 大匙

洋蔥 1 顆 (切碎)

適合燉煮的牛肉 750 克 (切塊)

番茄糊 2 大匙

番茄 3 顆 (切碎)

水 250 毫升

天然脫脂優格 3 大匙 (另備配餐用)

黑種草籽 1 小匙

鹽和胡椒少許

咖哩醬

孜然籽 2 小匙

香菜（芫荽）籽 1 小匙

茴香籽 ½ 小匙

大蒜 2 瓣 (切碎)

生薑 1 大匙 (去皮磨碎)

新鮮綠辣椒 1 ～ 2 小根

紅椒粉 1 小匙

薑黃粉 1 小匙

番茄糊 2 大匙

花生油 2 大匙

香菜（芫荽）葉 25 克 (另備裝飾用)

作法

1 把所有製作咖哩醬的香料 (孜然籽、香菜籽、茴香籽、紅椒粉、薑黃粉) 放入小的平底煎鍋，中火乾炒 2 ～ 3 分鐘至有香味，倒入迷你攪拌器磨成細粉。

2 加入其餘的咖哩醬材料攪成均勻的糊狀。

3 取大的深平底鍋倒入油，以中火加熱，洋蔥入鍋煮 5 ～ 6 分鐘，或至開始變色，煮的過程中偶爾攪拌，加入咖哩醬 3 大匙，翻炒 1 ～ 2 分鐘。

4 拌入牛肉煮 4 ～ 5 分鐘或至牛肉變焦黃並裹滿咖哩醬，拌入番茄糊、番茄、水和優格，煮滾後轉小火，蓋上鍋蓋，燉煮 2 小時或至軟嫩，必要時加更多水分。

5 完成後舀入加溫過的碗，撒上黑種草籽，以香菜葉裝飾；趁熱與饢餅及優格一起上桌。

> 🥄 **多一味**
>
> 慢燉咖哩羊肉及菠菜鷹嘴豆
> Slow-Cooked Lamb Curry with Spinach & Chickpeas
>
> 1. 製作方法如上述步驟，以現成的馬德拉斯或羅根喬希咖哩醬 4 大匙取代上述的咖哩醬，另以切塊的羔羊腿瘦肉 750 克取代牛肉。
>
> 2. 將清水洗淨並瀝乾罐裝鷹嘴豆 400 克，連同優格一起拌入咖哩，以上述作法燉煮，結束時拌入嫩菠菜 125 克。

羊肉釀茄子
Stuffed Aubergines with Lamb

🕐 準備時間：20 分鐘

🕐 烹製時間：45 分鐘

👪👪👪

材料

茄子 2 大顆

花生油 1 大匙

洋蔥 1 顆 (切薄片)

生薑 1 小匙 (去皮磨細末)

辛辣辣椒粉 1 小匙

中辣咖哩醬 1 大匙

大蒜 2 瓣 (壓碎)

薑黃粉 ¼ 小匙

香菜（芫荽）粉 1 小匙

乾薄荷 2 小匙

熟番茄 1 顆 (切細丁)

羊瘦肉末 500 克

滷水浸泡的烤紅椒 100 克 (瀝乾切細丁)

香菜（芫荽）葉 2 大匙 (切碎)

薄荷葉 2 大匙 (切碎)

鹽少許

作法

1 烤爐預熱至攝氏 180 度；茄子縱切兩半，用湯匙舀出並丟棄多數的果肉，為茄子盅，將茄子盅朝上放在烤盤上並置一旁。

2 取大的平底煎鍋倒入油，以中火加熱，洋蔥入鍋翻炒 4 ～ 5 分鐘至軟，加入薑、辣椒粉、咖哩醬、大蒜、薑黃、香菜粉、乾燥的薄荷和番茄丁，翻炒 4 ～ 5 分鐘。

3 加入羔羊肉，大火續翻炒 5 ～ 6 分鐘至焦黃，拌入紅椒和香草混和均勻，用湯匙將羊肉混料塞入烤好的茄子盅，並在

預熱好的烤爐烤 20 ～ 25 分鐘。

4 搭配塔布勒香草沙拉，即可上桌。

🥘 多一味

咖哩煮羊肉末和茄子
Minced Lamb & Aubergine Curry

1. 取不沾炒鍋或平底煎鍋倒入花生油一大匙加熱，放入切細末的洋蔥 1 顆、壓碎的大蒜 2 瓣、磨碎的生薑 2 大匙和切片的紅辣椒 2 根，翻炒 3 ～ 4 分鐘。

2. 茄子 1 大顆切成 1.5 公分塊狀，入鍋翻炒 2 ～ 3 分鐘，加入中辣咖哩粉 2 大匙 (作法見第 12 頁) 和極瘦羊肉末 625 克，大火翻炒 6 ～ 8 分鐘至拌裹均勻。

3. 拌入罐裝番茄丁 400 克和龍舌蘭糖漿 1 小匙，並依個人喜好調味，以中火煮 6 ～ 8 分鐘，或至羊肉軟嫩且熟透。

4. 離火，加入少許切碎的香菜和薄荷，搭配溫熱的麵包或米飯一起食用。

印尼仁當牛肉
Indonesian Beef Rendang

🕐 準備時間：30 分鐘

🍳 烹製時間：4.5 ～ 5 小時

👩👩👩👩👧

材料

牛肉

花生油 2 大匙

適合燉煮的牛肉 750 克（切片）

低脂椰奶 750 毫升

棕櫚糖 1 大匙

卡菲爾萊姆（青檸）葉 4 片（切絲）

八角 3 粒

肉桂棒 1 大根

鹽 ½ 小匙

醬料 A

鹽 1 大撮

薑黃粉 1 小匙

辣椒粉 ½ 小匙

大蒜 6 瓣（切碎）

生薑塊 5 公分（去皮磨碎）

高良薑塊 5 公分（去皮磨碎）

黑胡椒粒 1 小匙（壓碎）

小豆蔻 4 莢

新鮮紅辣椒 4 根（切碎）

醬料 B

檸檬草（香茅）2 大匙（去除梗葉切碎）

洋蔥 3 顆（切碎）

酸子（羅望子）醬 1 大匙

作法

1 將醬料 A 食材全放入食物處理機拌打成

粗粒，或用研砵和杵搗碎，加入檸檬草和洋蔥，拌打或搗成乾糊狀，加酸子醬攪拌均勻為香料醬。

2 取大的深平底鍋倒入油，以中大火加熱，牛肉分批入鍋炒至每面都變焦黃，每炒完一批就用漏勺盛起放一旁備用。

3 香料醬入熱鍋炒 2 ～ 3 分鐘，稍微攪拌，再放入牛肉和所有剩下的食材，倒入水 250 毫升，調小火以慢火煮滾，過程中不停攪拌。

4 煨煮 4 ～ 4.5 小時，稍微攪拌至肉軟嫩且醬汁減少變濃稠，再調大火，不斷攪拌，牛肉在濃汁裡拌炒至呈濃褐色及醬汁幾乎完全被吸收，趁熱上菜。

 多一味

仁當雞蛋 Egg Rendang

1. 將洋蔥 1 顆切粗末及馬鈴薯 2 顆切大丁取代牛肉，入鍋炒 5 分鐘。

2. 加入香料醬和剩餘的食材，文火煮 1 小時，然後取出馬鈴薯放置一旁備用，醬汁續煮至變少變濃。

3. 馬鈴薯和去殼切半的水煮蛋 6 顆一起放入鍋，煮 5 分鐘至熱透。

咖哩燉牛尾和鷹嘴豆
Curried Oxtail & Chickpea Stew

🕐 準備時間：20 分鐘

🕐 烹製時間：約 3 小時

👫👭

材料

牛尾 1.5 公斤 (切塊)

花生油 1 大匙

綜合香料粉 2 小匙

中辣咖哩粉 2 小匙 (作法見第 12 頁)

牛肉高湯 1.5 升

紅蘿蔔 4 根 (切大塊)

洋蔥 2 顆 (切細末)

大蒜 3 瓣 (切細末)

百里香 2 小株

新鮮蘇格蘭帽辣椒 1 根

罐裝番茄丁 400 克

玉米粉 4 大匙

罐裝鷹嘴豆 400 克

鹽和胡椒少許

作法

1 一大鍋水煮滾，放入牛尾煮熟，調小火
  續煮 10 ～ 12 分鐘，瀝乾並用廚房紙巾
  拍乾。

2 取大平底鍋或砂鍋到入油加熱，將煮熟
  的牛尾兩面煎焦黃，煎 6 ～ 8 分鐘。

3 放入綜合香料、咖哩粉、牛肉高湯、紅
  蘿蔔、洋蔥、大蒜、百里香、辣椒、番
  茄和玉米粉，翻炒均勻，煮滾後蓋上鍋
  蓋，文火煮 2.5 小時或至牛尾軟爛。

4 加入鷹嘴豆，續煮 15 分鐘；以馬鈴薯泥
  或脆皮麵包搭配，即可享用。

🥄 多一味

咖哩燉羊小腿肉和鷹嘴豆
Curried Lamb Shanks with Chickpeas

1. 取寬口砂鍋，倒入花生油 1 大匙加熱，
   將羊小腿肉 4 塊，每面都煎成焦黃色，
   煎約 6 ～ 8 分鐘。

2. 加入綜合香料粉 2 小匙、中辣咖哩粉
   2 大匙、羊肉高湯 750 毫升、罐裝番
   茄丁 400 克、紅蘿蔔 1 根切細末、洋
   蔥 1 顆切細末、大蒜 4 瓣切碎、百里
   香 1 小株和蘇格蘭帽辣椒 1 根，調味
   並煮滾。

3. 蓋上鍋蓋，文火煮 2.5 小時或至肉和
   骨分開，搭配米飯或麵包享用。

泰式叢林咖哩牛肉
Thai Jungle Curry with Beef

🕐 準備時間：10 分鐘

🕜 烹製時間：約 25 分鐘

👨‍👩‍👧‍👧

材料

花生油 1 大匙

泰式紅咖哩醬 2 ～ 3 大匙 (作法見第 13 頁)

薑黃粉 1 小匙

綜合香料粉 ¼ 小匙

牛瘦肉 500 克 (切薄片)

低脂椰奶 400 毫升

牛肉高湯 250 毫升

泰式魚露 3 大匙

棕櫚糖 (或紅糖)50 克

酸子（羅望子）醬 4 ～ 5 大匙

鹽和胡椒少許

紅椒 ½ 顆 (切薄長條，裝飾用)

青蔥 2 根 (切絲，裝飾用)

作法

1 取深平底鍋倒入油加熱，以中火翻炒紅咖哩醬、薑黃和綜合香料，約炒 3 ～ 4 分鐘或至有香味。

2 牛肉入鍋翻炒 4 ～ 5 分鐘，加入椰奶、高湯、魚露、糖和酸子醬，調小火煮 10 ～ 15 分鐘或至牛肉軟嫩，如果醬汁太乾可加入些許高湯或水。

3 盛入碗裡，以紅椒和青蔥絲裝飾，搭配米飯。

🍲 多一味

泰式叢林咖哩豬肉
Thai Jungle Curry with Pork

1. 以五花肉 750 克取代牛肉，切成 2.5 公分大小。

2. 在炒香咖哩醬之後，將五花肉入鍋炒 4 ～ 5 分鐘，加入椰奶、蔬菜高湯 500 毫升、整顆小紅蔥頭 20 顆、烤花生 50 克、薑絲 1 大匙、魚露、糖和酸子醬，燉煮 45 分鐘～ 1 小時，或至豬肉軟嫩。

3. 前一天先將作法 2 完成，以便去除冷藏後浮在上層的肥油，上桌前重新加熱，盛入碗裡，並用一些紅辣椒片裝飾。

咖哩娘惹肉丸
Nonya Meatball Curry

🕐 準備時間：25 分鐘，加冷藏時間
🕐 烹製時間：30 分鐘
👩👩👩👩

材料
咖哩醬
蒜粒 3 小匙
紅蔥頭 100 克 (切細末)
高良薑 (或生薑)1 小匙 (磨碎)
長紅辣椒 6 根 (另備一些裝飾)
葵花油 6 大匙
罐裝番茄丁 400 克
鹹醬油 1 大匙
椰奶 400 毫升
鹽和胡椒少許
新鮮香菜（芫荽）少許 (切碎，裝飾用)

肉丸
蛋 2 顆
玉米粉 2 小匙
大蒜 2 瓣 (壓碎)
新鮮香菜（芫荽）2 大匙 (切細末)
紅辣椒 2 根 (切細末)
牛肉末 750 克

作法
1 將製作肉丸的食材放入大的攪拌碗裡混
 合拌勻，以湯匙滾成核桃大小的丸子，
 放在盤子上，封好後放於冰箱冷藏 3～
 4 小時，若時間允許可放隔夜。
2 大蒜、紅蔥頭、高良薑 (或薑)、辣椒和
 一半的油放入小型食物處理機攪拌成糊。

3 取大的不沾炒鍋倒入剩下的油加熱，放
 入作法 2 打成糊的辛香料，翻炒 1～2
 分鐘；加入番茄、鹹醬油和椰奶煮滾，
 調小火煨煮 10 分鐘。
4 放入冷藏後的肉丸，煨煮 12～15 分鐘，
 稍微攪拌；離火，以紅辣椒片和香菜碎
 裝飾，並依個人喜好搭配米粉或米飯。

 多一味

咖哩豬肉丸
Pork Meatball Curry

以等量的豬肉末取代牛肉末，並以深色
醬油 1 大匙和泰式魚露 1 小匙取代鹹醬
油。其他的煮法如上述步驟。

poultry & eggs
家禽和蛋類

巴爾帝咖哩雞
Balti Chicken

🕐 準備時間：15 分鐘

🍳 烹製時間：20 ～ 25 分鐘

👭👭👭

材料

花生油 1 大匙

洋蔥 2 顆 (切薄片)

新鮮紅辣椒 2 根 (去籽並切薄片)

咖哩葉 6 ～ 8 片

水 200 毫升

大蒜 3 瓣 (壓碎)

生薑 1 小匙 (去皮磨細末)

香菜（芫荽）粉 1 大匙

馬德拉斯咖哩粉 2 大匙

雞肉末 500 克

新鮮或冷凍豌豆 400 克

檸檬汁 4 大匙

薄荷葉少許 (切碎)

香菜（芫荽）葉少許 (切碎)

鹽少許

作法

1 取大的炒鍋或平底鍋倒入油，以中火加熱；洋蔥、辣椒和咖哩葉入鍋翻炒 4 ～ 5 分鐘，加入水 4 大匙，繼續翻炒 2 ～ 3 分鐘。

2 放入大蒜、薑、香菜粉、咖哩粉和雞肉，大火翻炒 10 分鐘，加入剩下的水和豌豆，續煮 6 ～ 8 分鐘至雞肉熟透。

3 離火，拌入檸檬汁和香草；佐以溫熱的印度薄餅和天然優格。

🥣 多一味

奶油咖哩煮雞肉和蔬菜
Creamy Chicken & Vegetable Curry

1. 取大的炒鍋或平底煎鍋倒入花生油 1 大匙加熱。

2. 放入切碎的洋蔥 1 顆、切片的辣椒 1 根、咖哩葉 6 片、壓碎的生薑和大蒜各 2 小匙，及小辣咖哩粉 2 大匙 (作法見第 12 頁)，翻炒 1 ～ 2 分鐘。

3. 加入去皮雞胸肉丁 625 克，翻炒 3 ～ 4 分鐘後；倒入雞高湯 500 毫升和低脂椰奶 200 毫升，煮滾後再煮 12 ～ 15 分鐘，或至雞肉熟透。

4. 拌入冷凍豌豆 200 克，大火煮 4 ～ 5 分鐘，與米飯一起享用。

咖哩雞肉丸
Chicken Kofta Curry

🕐 準備時間：15 分鐘
🕐 烹製時間：25 分鐘

👫👫

材料

咖哩雞肉丸

雞肉末 750 克

生薑 2 小匙 (去皮磨細末)

大蒜 2 顆 (壓碎)

茴香籽 2 小匙 (壓碎)

肉桂粉 1 小匙

辣椒粉 1 小匙

洋蔥和大蒜調味的濃縮番茄醬 500 毫升

薑黃粉 1 小匙

中辣咖哩粉 2 大匙 (作法見第 12 頁)

龍舌蘭糖漿 1 小匙

鹽和胡椒適量

搭配佐餐

天然脫脂優格 100 毫升 (拌勻)

辣椒粉 1 撮

薄荷葉少許

作法

1 雞肉末放入碗裡，加入薑、大蒜、茴香籽、肉桂和辣椒粉，用手徹底拌勻，搓成核桃大小的丸子。

2 取大的不沾平底煎鍋，噴上烹飪油，以中火加熱，雞肉丸子入鍋，翻炒 4 ～ 5 分鐘或至略微焦黃，移至盤子上保溫。

3 番茄醬注入平底鍋，倒入薑黃、咖哩粉和龍舌蘭糖漿，煮滾後轉小火煨煮，小心將雞肉丸子放入醬汁中，蓋上鍋蓋，

小火煮 15 ～ 20 分鐘，偶爾翻動丸子至熟透。

4 淋上優格，撒上辣椒粉和薄荷葉。

🥣 多一味

快速馬德拉斯咖哩雞塊
Quick Chunky Chicken Madras

1. 去皮雞胸肉塊取代雞肉末，並以馬德拉斯咖哩粉 (作法見第 50 頁) 取代中辣咖哩粉。

2. 煮法同上述步驟，最後 5 分鐘拌入豌豆 300 克，趁熱上桌。

坦都里串烤雞肉
Tandoori Chicken Skewers

🕐 準備時間：10 分鐘，加醃肉時間

🕐 烹製時間：約 10 分鐘

👥👥👥

材料

天然脫脂優格 200 毫升

坦都里粉 3 大匙

大蒜 1 大匙（磨細末）

生薑 1 大匙（去皮磨細末）

萊姆（青檸）汁 2 顆量

去皮雞胸肉 1 公斤（切塊）

黃椒 2 顆（去核、去籽、切塊）

紅椒 2 顆（去核、去籽、切塊）

鹽和胡椒少許

作法

1 優格、坦都里粉、大蒜、薑和萊姆汁放入非金屬的大碗內，混合均勻，加入雞肉拌裹，封好後放入冰箱冷藏，醃 6 ～ 8 小時或一晚。

2 燒烤爐預熱至中大火，將雞肉串在 12 支金屬籤上，肉塊之間串入甜椒，每面燒烤 4 ～ 5 分鐘至邊緣略焦及雞肉熟透。

3 佐以溫熱的饢餅和酸辣醬或石榴優格沙拉。

🍽 **多一味**

石榴優格沙拉
Pomegranate Raita

天然脫脂優格 375 毫升放入碗裡，黃瓜半根磨粗絲、擠出多餘的汁液，連同少許切碎末的薄荷葉、略微乾烘的孜然籽 2 小匙，和石榴籽 100 克，一起加入優格中拌勻，冷藏待用。

斯里蘭卡番茄雞
Sri Lankan Tomato & Egg Curry

🕐準備時間：10 分鐘

🍳烹製時間：15 ～ 20 分鐘

👥👥👥

材料

花生油 1 大匙

洋蔥 1 顆 (切細末)

咖哩葉 10 片

大蒜 3 瓣 (切細末)

生薑 2 小匙 (去皮磨細末)

新鮮綠辣椒 2 根 (切細末)

中辣咖哩粉 3 大匙 (作法見第 12 頁)

罐裝番茄丁 400 克

蛋 8 ～ 12 顆 (煮熟去殼)

香菜（芫荽）葉 6 大匙 (切細末)

鹽少許

作法

1 取大的不沾平底煎鍋倒入油加入，洋蔥、咖哩葉、大蒜、薑和辣椒入鍋，中火翻炒 6 ～ 8 分鐘。

2 撒上咖哩粉翻炒 1 ～ 2 分鐘至有香味，放入番茄丁拌勻，加入蛋煮滾後調小火煨煮 4 ～ 5 分鐘，離火，拌入香菜，蛋切半並佐以米飯。

🥣 多一味

斯里蘭卡椰子醬
Sri Lankan Coconut Relish

將磨碎的紅洋蔥 1 大匙、壓碎的大蒜 1 瓣、刨絲的新鮮椰子 50 克、辣椒粉 1 小匙、紅椒粉 1 小匙、鯷魚醬 1 大匙和萊姆（青檸）汁 2 顆量混合，室溫下靜置 30 分鐘，與咖哩及米飯一起享用。

香汁咖哩雞
Bhoona Chicken Curry

🕐 準備時間：10 分鐘，加醃肉時間

🕐 烹製時間：8 ～ 10 分鐘

👪

材料

天然脫脂優格 125 毫升

萊姆（青檸）汁 2 顆量

大蒜 2 瓣 (切細末)

薑黃粉 1 小匙

微辣咖哩粉 1 大匙

小豆蔻籽 1 小匙 (壓碎)

海鹽 1 大撮

香菜（芫荽）粉 1 大匙

孜然粉 1 大匙

去皮雞胸肉 4 片 (切條狀)

花生油 1 大匙

瑪撒拉綜合香料 1 小匙

香菜（芫荽）葉 1 撮 (粗略切碎)

作法

1 優格、萊姆汁、大蒜、薑黃、辣椒粉、豆蔻籽、鹽、香菜粉和孜然放入非金屬的大碗，混合均勻。

2 加入雞肉，拌裹均勻後封好，放入冰箱冷藏醃 6 ～ 8 小時或一晚。

3 大的不沾平底煎鍋倒入油以中大火加熱，翻炒醃雞肉 8 ～ 10 分鐘至軟嫩熟透。

4 撒上瑪撒拉綜合香料和香菜碎，攪拌均勻，搭配米飯。

🍲 多一味

瑪撒拉綜合香料串烤雞肉
Masala Chicken Kebabs

1. 準備上述作法 1 的醃汁，加入去皮切塊的雞胸肉 4 片，放冰箱冷藏醃 6 ～ 8 小時，若時間允許就醃一晚。

2. 用金屬籤 8 支串雞肉塊，放入燒烤爐下，以中大火每面烤 5 ～ 6 分鐘或至熟透，搭配溫熱的饢餅或米飯。

咖哩蛋餅
Souffléd Curried Omelette

🕐 準備時間：25 分鐘

🕑 烹製時間：20 分鐘

👨👩👧👦

材料

花生油 1 大匙

大蒜 4 瓣 (壓碎)

青蔥 8 根 (切細片)

紅辣椒 1 根 (切細片)

中辣咖哩粉 1 大匙 (作法見第 12 頁)

番茄 4 顆 (去皮、去籽、切細丁)

香菜（芫荽）葉少許 (切細末)

薄荷葉少許 (切細末)

蛋 8 個 (蛋白和蛋黃分開)

鹽和胡椒少許

作法

1 取耐熱平底煎鍋倒入一半的油以中火加熱。

2 大蒜、青蔥和紅辣椒入鍋翻炒 1 ～ 2 分鐘，拌入咖哩粉、番茄和香草碎翻炒 20 ～ 30 秒，離火後略微放涼。

3 蛋白放入大碗並攪打至軟性發泡，蛋黃放入另一個碗輕輕打散，然後連同作法 2 煮好的番茄一起調入蛋白至完全融合。

4 廚房紙巾擦乾鍋子倒入剩下的油，以中火加熱，倒入作法 3 混合蛋液，調小火煮 8 ～ 10 分鐘，或至底部開始凝固。

5 鍋子移入預熱至中大火的燒烤爐內，烤 4 ～ 5 分鐘或至頂部膨脹，呈淡金黃色及幾近凝固；搭配吐司和新鮮青蔬沙拉。

🍲 **多一味**

印度香料炒蛋
Indian Spicy Scrambled Eggs

1. 取大的不沾平底煎鍋加入花生油 1 大匙，以小火加熱。

2. 生雞蛋 8 個放入碗中打散為蛋液，加入紅洋蔥 1 顆切細末、綠辣椒 2 根切片、番茄 1 顆切碎、去皮磨碎的薑 1 小匙和切碎的香菜葉少許，拌勻。

3. 作法 2 拌好的蛋液放入鍋裡，稍微攪拌，煮 5 ～ 6 分鐘或至略微炒熟，搭配吐司，即可享用。

泰式叢林咖哩鴨
Thai Jungle Curry with Duck

🕐 準備時間：20 分鐘
🥄 烹製時間：30 分鐘

👪👩

材料

泰式綠咖哩醬 2 大匙 (作法見第 13 頁)

檸檬草（香茅）2 大匙 (切細末、去外面硬葉)

卡菲爾萊姆（青檸）葉 3 片 (切細絲)

蝦醬 1 小匙

大蒜 6 瓣 (壓碎)

紅蔥頭 5 顆 (切細末)

香菜（芫荽）根 3 大匙 (切細末)

花生油 2 大匙

去皮鴨胸肉 625 克 (切薄片)

雞湯 400 毫升

泰式魚露 1 大匙

罐裝竹筍 65 克 (清水洗淨、瀝乾)

小茄子 4 顆 (每顆切 4 塊)

九層塔少許

作法

1 綠咖哩醬、檸檬草、萊姆葉、蝦醬、大蒜、紅蔥頭、香菜根和花生油放入迷你攪拌器內拌成均勻糊狀，必要時加入少許水。

2 大的不沾炒鍋，噴上烹飪油，大火加熱，咖哩醬入鍋翻炒 1 ～ 2 分鐘，加入鴨肉，翻炒 4 ～ 5 分鐘至咖哩醬裹勻鴨肉。

3 倒入高湯和魚露，煮滾，漏勺盛起鴨肉，放置一旁保溫備用。

4 竹筍和茄子入鍋煮 12 ～ 15 分鐘或至軟，放入鴨肉，小火煮 3 ～ 4 分鐘，中間拌入一半的九層塔葉，離火。

5 盛入碗以九層塔裝飾，搭配泰國香米飯。

🥄 多一味

叢林咖哩鴿
Jungle Curry with Pigeon

用鴿胸肉 8 片切薄片取代鴨肉，食譜基本不變，唯用淡醬油取代泰式魚露，以罐裝菱角代替竹筍增加爽脆的口感。

如同上述步驟，烹煮至鴿肉軟嫩。

印尼黃咖哩烤雞腿
Indonesian Yellow Drumstick Curry

🕐 準備時間：15 分鐘

🕐 烹製時間：40 ～ 45 分鐘

👨‍👩‍👧‍👦

材料

新鮮紅辣椒 2 根 (粗略切碎，另備裝飾用)

紅蔥頭 2 顆 (粗略切碎)

大蒜 3 瓣 (切碎)

檸檬草（香茅）4 大匙

(去外面硬葉，切細末)

高良薑 1 大匙 (去皮切細末)

薑黃粉 2 小匙

卡宴辣椒粉 1 小匙

香菜（芫荽）粉 1 小匙

孜然粉 1 小匙

肉桂粉 ¼ 小匙

泰式魚露 3 大匙

棕櫚糖（或紅糖）1 大匙

卡菲爾萊姆（青檸）葉 4 片 (切細絲)

低脂椰奶 400 毫升

萊姆（青檸）汁 ½ 顆量

大雞腿 12 隻去皮

小顆新馬鈴薯 200 克 (去皮)

九層塔葉 10 ～ 12 片 (裝飾用)

作法

1 烤爐預熱至攝氏 190 度。

2 將辣椒、紅蔥頭、大蒜、檸檬草、高良薑、薑黃、卡宴辣椒粉、香菜、孜然、肉桂、魚露、糖、萊姆葉、椰奶和萊姆汁放入食物處理機內攪打成非常滑細的糊狀為香料糊。

3 雞腿平排在耐熱砂鍋，馬鈴薯散放在上面，淋上香料糊，均勻裹住雞腿和馬鈴薯。

4 蓋上鍋蓋，在預熱好的烤爐裡烤 40 ～ 45 分鐘，至雞肉煮透及馬鈴薯變軟。

5 以九層塔和紅辣椒碎為裝飾，趁熱上桌。

 多一味

坦都里咖哩烤雞腿
Tandoori Drumstick Curry

1. 去皮大雞腿 12 隻平排放入耐熱砂鍋。

2. 天然脫脂優格 300 毫升、坦都里醬 4 大匙與檸檬汁 2 顆量混和為醬汁，淋於雞腿肉上，均勻裹住雞肉。

3. 蓋上鍋蓋，在已經預熱至攝氏 180 度的烤爐裡烤 35 ～ 40 分鐘，掀蓋後續烤 10 ～ 15 分鐘或至熟透，搭配新鮮青蔬沙拉，趁溫熱上桌。

奶油香咖哩雞
Creamy Fragrant Chicken Curry

🕐 準備時間：15 分鐘
🕑 烹製時間：30 ～ 35 分鐘
👪

材料

花生油 1 大匙

月桂葉 2 片

肉桂棒 1 根

豆蔻粉 1 小匙

丁香 4 粒

孜然籽粉 2 小匙

洋蔥 1 大顆 (切細末)

大蒜 2 大匙 (磨細末)

生薑 2 大匙 (去皮磨細末)

香菜（芫荽）粉 1 大匙

孜然粉 1 大匙

罐裝番茄丁 200 克

雞大腿肉 750 克 (去皮、去骨、切塊)

辣椒粉 1 小匙

水 250 毫升

天然脫脂優格 125 毫升 (拌勻)

香菜（芫荽）葉少許 (切碎)

鹽少許

作法

1 大的平底煎鍋倒入油以大火加熱後加入月桂葉、肉桂、小豆蔻、丁香和孜然籽，翻炒 30 秒，放入洋蔥，翻炒 4 ～ 5 分鐘。

2 加入大蒜、薑、香菜粉和孜然粉，炒 1 分鐘，放入番茄繼續翻炒 1 分鐘。

3 放入雞肉、辣椒粉和水煮滾；蓋上鍋蓋，調中低火，燉煮 25 分鐘，不時翻動雞塊；離火，拌入優格和香菜，搭配白飯享用。

🍲 多一味

快速椰汁咖哩雞肉末
Quick Minced Chicken & Coconut Curry

1. 取大的平底煎鍋或炒鍋，倒入花生油 1 大匙加熱，放入雞肉末 625 克和微辣咖哩醬 2 大匙，大火翻炒 3 ～ 4 分鐘，至雞肉裹滿咖哩醬並煮熟透。

2. 倒入低脂椰奶 400 毫升，攪拌並以大火煮 3 ～ 4 分鐘；離火，搭配泰國香米或脆皮麵包。

雞肉、秋葵和紅扁豆糊
Chicken, Okra & Red Lentil Dhal

🕐 準備時間：15 分鐘
🔪 烹製時間：45 分鐘
👨👧👨👩

材料

孜然粉 2 小匙
香菜（芫荽）粉 1 小匙
卡宴辣椒粉 ½ 小匙
薑黃粉 ¼ 小匙
雞大腿肉 500 克 (去皮、去骨、切大塊)
花生油 2 大匙
洋蔥 1 顆 (切片)
大蒜 2 瓣 (壓碎)
生薑 25 克 (去皮切細末)
水 750 毫升
紅扁豆 300 克 (清水洗淨)
秋葵 200 克
香菜（芫荽）葉少許 (切碎)
鹽少許
萊姆（青檸）角少許 (裝飾用)

作法

1 將孜然、香菜、卡宴辣椒粉和薑黃混和，
　 與雞塊翻拌均勻。

2 取大的深平底鍋倒入油加熱，雞塊分批
　 煎成深金黃色，再分批移至盤子。

3 洋蔥入鍋，炒 5 分鐘至金黃色，拌入大
　 蒜和薑，續煮 1 分鐘。

4 雞肉回鍋，倒入水，煮滾後調小火，蓋
　 鍋煨煮 20 分鐘至雞肉熟透，加入扁豆煮
　 5 分鐘。

5 拌入秋葵、香菜和少許鹽，續煮 5 分鐘，
　 至扁豆變軟但並非完全稀爛。

6 盛入淺碗，搭配萊姆角、酸辣醬和印度
　 薄脆餅一起上桌。

 多一味

雞肉、櫛瓜和辣椒扁豆糊
Chicken, Courgette & Chilli Dhal

1. 按照上述食譜步驟，唯以中型櫛瓜 3
　 條切薄片取代秋葵。

2. 若要更辣，就加入中辣度紅辣椒 1 根
　 切薄片、大蒜、薑。

果阿咖哩鴨
Goan Xacutti Duck

🕐 準備時間：20 分鐘，加醃肉時間

🍴 烹製時間：40 ～ 50 分鐘

👥👥👥👥

材料

鴨肉

鴨胸肉 750 克（去皮並切塊）

椰絲 2 大匙

花生油 1 大匙

洋蔥 2 大顆（切細末）

番茄糊 1 大匙

新鮮紅辣椒 4 根

丁香粉 1 小匙

瑪撒拉綜合香料 2 大匙

肉桂棒 1 條

水 500 毫升

香菜（芫荽）葉少許（切碎裝飾用）

萊姆（青檸）角少許（搭配佐餐）

薩古蒂醃醬

大蒜糊 1 大匙

薑糊 1 大匙

香菜（芫荽）葉 2 大匙（切細末）

酸子（羅望子）醬 1 大匙

薑黃粉 1 小匙

辣椒粉 1 小匙

作法

1 在大碗裡混和所有醃料，加入鴨肉翻拌裹勻，封好放於冰箱冷藏醃 6 ～ 8 小時或一夜。

2 小火加熱小的平底煎鍋，乾烘椰子數分鐘至略呈金黃色，離火備用。

3 取大的深平底鍋倒入油，以中火加熱，炒洋蔥 8 ～ 10 分鐘至軟及呈淡褐色，加入烤過的椰子、番茄糊、辣椒、丁香、瑪撒拉綜合香料和肉桂棒，攪拌均勻。

4 鴨肉連醃汁入鍋，大火翻炒 5 分鐘，倒入水煮滾，調小火，蓋鍋蓋煨煮 25 ～ 30 分鐘至鴨肉軟嫩且醬汁濃稠。

5 以香菜碎為裝飾，上桌時搭配萊姆角供擠汁調味。

 多一味

薩古蒂醬串烤雞肉
Chicken Xacutti Skewers

1. 所有的醃料放入非金屬碗裡，與天然脫脂優格 200 毫升混合，加入去皮去骨雞大腿肉 750 克，翻拌均勻，放入冰箱冷藏醃 6 ～ 8 小時。

2. 用金屬烤籤 8 根串雞肉，放在燒烤爐下，以中大火每面烤 5 ～ 6 分鐘或至熟透，以香菜裝碎飾。

菲律賓咖哩雞
Phillipino Chicken Curry

🕐 準備時間：10 分鐘，加醃肉時間

🍴 烹製時間：40 ～ 50 分鐘

👨‍👩‍👧‍👦

材料

雞大腿肉 750 克 (去皮去骨)

中辣咖哩粉 2 大匙 (作法見第 12 頁)

花生油 1 大匙

大蒜 4 瓣 (壓碎)

洋蔥 1 顆 (切片)

小番茄 4 顆 (切碎)

低脂椰奶 400 毫升

雞高湯 250 毫升

馬鈴薯 3 顆 (去皮，每顆切 4 塊)

鹽少許

作法

1 雞肉放入非金屬碗，撒上咖哩粉，翻拌
   均勻，放入冰箱冷藏醃 30 分鐘。

2 取大的深平底鍋倒入油，以中大火加熱，
   大蒜、洋蔥和番茄入鍋，炒 3 ～ 4 分鐘，
   加入醃好的雞肉，翻炒 4 ～ 5 分鐘。

3 加入椰奶、高湯和馬鈴薯煮滾，轉中小
   火，燉煮 30 ～ 40 分鐘至雞肉軟嫩；搭
   配飯和醃菜，趁熱上桌。

🥄 多一味

菲律賓串烤雞肉
Phillipino Chicken Skewers

1. 去皮去骨雞大腿肉 750 克切成一口大
   小放入碗裡。

2. 加入低脂椰奶 100 毫升、番茄糊 6 大
   糊、大蒜 4 瓣壓碎和中辣咖哩粉 2 大
   匙 (作法見 12 頁)，翻拌均勻，放冰
   箱冷藏醃 6 ～ 8 小時。

3. 用金屬籤 8 根串雞肉，在中大火燒烤
   爐下，每面烤 5 ～ 6 分鐘或至熟透，
   和萊姆角一起上桌。

咖哩雞肉燉菠菜
Spinach & Chicken Curry

🕐 準備時間：15 分鐘，加醃的時間

🕐 烹製時間：約 1 小時

👫👫👩

材料

天然脫脂優格 5 大匙

大蒜 2 大匙（磨細末）

生薑 2 大匙（去皮磨細末）

香菜（芫荽）粉 1 大匙

中辣咖哩粉 1 大匙（作法請見 12 頁）

去皮雞胸肉 750 克（切塊）

冷凍菠菜 400 克

花生油 1 大匙

洋蔥 1 顆（切細末）

孜然籽 2 小匙

雞高湯 400 毫升

檸檬汁 1 大匙

鹽和胡椒少許

作法

1 優格、大蒜、薑、香菜和咖哩粉放非金屬大碗裡混和，加入雞肉。翻拌均勻，封好放於冰箱冷藏醃 8 ～ 10 小時。

2 冷凍菠菜放入深平底鍋，以中火煮 6 ～ 8 分鐘至解凍，依個人喜好調味，徹底瀝乾，放入食物處理機拌打至均勻成糊狀。

3 取有蓋不沾大平底鍋倒入油，以小火加熱，洋蔥入鍋，小火炒 10 ～ 12 分鐘至軟並變透明。

4 加孜然籽，翻炒 1 分鐘至有香味，轉大火，加入醃好的雞肉，翻炒 6 ～ 8 分鐘。

5 倒入高湯和菠菜糊，煮滾後調小火，蓋上鍋蓋，燉煮 25 ～ 30 分鐘至雞肉熟透。

6 掀蓋後，大火煮 3 ～ 4 分鐘，經常攪拌；離火，拌入檸檬汁。

 多一味

咖哩鴨煮菠菜
Duck Curry with Spinach

1. 去皮鴨胸肉切大塊 4 片備用。

2. 取大的深平底鍋倒入花生油 1 大匙，以中小火加熱，並將洋蔥 1 顆切碎，翻炒 8 ～ 10 分鐘至軟，加入磨碎的大蒜和薑各 2 大匙。

3. 轉大火，鴨肉入鍋，翻炒 2 ～ 3 分鐘，拌入中辣咖哩粉 1 大匙 (作法見第 12 頁) 煮 1 分鐘，倒入雞高湯 400 毫升，煮滾後調小火。

4. 蓋上鍋蓋，燉煮 25 ～ 30 分鐘，拌入嫩菠菜 150 克，煮 3 ～ 4 分鐘或至菠菜微縮。

馬沙曼咖哩雞
Chicken Mussaman Curry

🕐 準備時間：10 分鐘

🍳 烹製時間：35 ～ 40 分鐘

👫👫

材料

花生油 1 大匙

洋蔥 1 大顆 (切片)

馬沙曼咖哩醬 4 大匙

低脂椰奶 400 毫升

雞胸肉 750 克 (去皮切塊)

泰式魚露 2 大匙

萊姆（青檸）汁 2 大匙

龍舌蘭糖漿 1 小匙

小茄子 100 克 (切薄片)

九層塔葉 2 大匙 (切碎)

作法

1 取炒鍋或平底煎鍋倒入油，以中火加熱，洋蔥入鍋炒 6 ～ 8 分鐘至軟。

2 咖哩醬拌少許的椰奶入鍋炒 1 分鐘，加入雞肉大炒 3 分鐘，倒入剩下的椰奶、魚露、萊姆汁和龍舌蘭糖漿，翻拌均勻，調小火煨煮 20 分鐘。

3 轉大火，加茄子煮 6 ～ 8 分鐘，離火，拌入九層塔碎。

🍲 多一味

自製馬沙曼咖哩醬
Homemade Mussaman Curry Paste

1. 將無鹽花生 100 克、紅蔥頭 2 顆切片、紅辣椒乾 2 小匙、磨碎的高良薑或薑 2 小匙、切碎的檸檬草 2 大匙、香草籽和孜然籽各 2 小匙、肉豆蔻粉 ¼ 小匙、肉桂粉 1 小匙、丁香粉一小撮、荳蔻粉 1 小匙、泰式魚露 2 大匙、蝦醬 1 小匙和棕櫚糖 2 小匙，放入迷你攪拌器內，倒入 8 ～ 1 低脂椰奶 10 大匙，攪拌至非常平滑的糊狀。

2. 沒用完的咖哩醬存放在密封罐內冷藏可保存一週，或少量分裝冷凍供以後使用。

vegetables
蔬菜類

咖哩炒馬鈴薯四季豆
Potato & French Bean Curry

🕐 準備時間：20 分鐘

⏱ 烹製時間：6 ～ 8 分鐘

👩👧👩

材料

花生油 1 大匙

孜然籽 4 小匙

中辣咖哩粉 1 小匙 (作法見第 12 頁)

新鮮綠辣椒 1 根 (切細片)

孜然粉 2 小匙

香菜（芫荽）粉 2 小匙

薑黃粉 1 小匙

李形番茄 4 顆 (去皮、去籽、切細丁)

小顆新馬鈴薯 500 克 (切半並煮熟)

四季豆 400 克 (切成 1 公分並汆燙)

薄荷葉 6 大匙 (切碎)

萊姆（青檸）汁 1 顆量

鹽和胡椒少許

作法

1 取大的不沾炒鍋或平底煎鍋倒入油，以中高火加熱；孜然籽、咖哩粉和綠辣椒入鍋翻炒 1 ～ 2 分鐘至有香味。

2 加入香料粉、番茄、馬鈴薯和四季豆，依照個人喜好調味，大火快炒 4 ～ 5 分鐘；離火，拌入薄荷，擠上萊姆汁，。

🥄 多一味

簡易手抓飯
Simple Pilau Rice

1. 微辣咖哩粉 1 大匙 (作法見第 12 頁) 放入中型深平底鍋，加入壓碎的綠豆蔻 4 莢、肉桂棒 1 根、丁香 2 粒及印度香米 300 克。

2. 倒入滾水 650 毫升，煮滾後調小火，蓋上鍋蓋，以小火煮 10 ～ 12 分鐘或至水分完全被吸收，離火悶 10 ～ 15 分鐘，用叉子翻鬆米粒即可上菜。

咖哩快炒捲心菜和紅蘿蔔
Curried Cabbage & Carrot Stir-Fry

🕐準備時間：10 分鐘

🕐烹製時間：約 15 分鐘

👫👫👫

材料

花生油 1 大匙

紅蔥頭 4 顆（切細末）

生薑 2 小匙（去皮磨細末）

大蒜 2 小匙（磨細末）

新鮮長綠辣椒 2 根（縱切兩半）

孜然籽 2 小匙

薑黃粉 1 小匙

香菜（芫荽）籽 1 小匙（壓碎）

紅蘿蔔 1 大根（磨粗絲）

綠色或白色捲心菜（椰菜）300 克（切細絲）

咖哩粉 1 大匙（作法見第 12 頁）

鹽和胡椒少許

作法

1 取大的不沾炒鍋或平底煎鍋倒入油，以小火加熱。

2 紅蔥頭、薑、大蒜和辣椒入鍋，翻炒 2～3 分鐘至紅蔥頭變軟；加入孜然籽、薑黃和壓碎的香菜籽翻炒 1 分鐘。

3 轉大火，加入紅蘿蔔和捲心菜，翻炒入味，加入咖哩粉，蓋上鍋蓋，以中小火煮 10 分鐘，稍微攪拌，離火後搭配米飯。

🥘 多一味

快速咖哩煮椰子、紅蘿蔔和包心菜
Speedy Coconut, Carrot & Cabbage Curry

1.大炒鍋裡放入花生油 1 湯匙加熱，中辣咖哩醬 2 小匙、切碎的大蒜 2 瓣和切片的洋蔥 1 顆入鍋，翻炒 3～4 分鐘至軟為洋蔥糊。

2.紅蘿蔔 2 大根切成 1 公分小丁，連同粗切的捲心菜、蔬菜高湯 300 毫升和低脂椰奶 200 毫升一起加入洋蔥糊。

3.煮滾後調中火，煮 12～15 分鐘或至紅蘿蔔變軟，離火，以香菜碎裝飾。

黎巴嫩咖哩煮番茄和櫛瓜
Lebanese Tomato & Courgette Curry

🕐 準備時間：5 分鐘

🕐 烹製時間：40 ～ 45 分鐘

👪👪

材料

淡橄欖油 1 大匙

洋蔥 1 大顆 (切細末)

櫛瓜 (翠玉瓜) 4 條 (切成 1 x 3.5 公分條狀)

罐裝全顆李形番茄 2 罐 (每罐 400 克)

大蒜 2 瓣 (壓碎)

辣椒粉 ½ 小匙

薑黃粉 ¼ 小匙

乾燥薄荷 2 小匙

鹽和胡椒少許

薄荷葉少許 (裝飾用)

作法

1 大深平底鍋內倒入油，以小火加熱，洋蔥入鍋炒 10 ～ 12 分鐘至變軟、透明，加入櫛瓜續炒 5 ～ 6 分鐘，過程中偶爾攪拌。

2 加入番茄 (含汁) 和大蒜，中火續煮 20 分鐘。

3 拌入辣椒粉、薑黃和乾燥薄荷，多煮幾分鐘入味，搭配北非小米或白飯。

🥄 **多一味**

香料櫛瓜番茄烤菜
Spicy Courgette & Tomato Bake

1. 櫛瓜 4 條切厚片，排在中型耐熱盤的底部。

2. 將罐裝番茄丁 400 克、番茄糊 6 大匙、蔬菜高湯 100 毫升、大辣咖哩粉 1 大匙、蒜泥和薑泥各 2 小匙和乾燥薄荷 2 小匙一起混合為醬料。

3. 將醬料淋在櫛瓜上，用錫箔紙封好，在預熱至攝氏 180 度的烤爐裡烤 25 ～ 30 分鐘，取出搭配白飯。

泰式咖哩煨南瓜、豆腐和豌豆
Thai Squash, Tofu & Pea Curry

🕐 準備時間：15 分鐘

🕑 烹製時間：25 分鐘

♀♂♀♂

材料

花生油 1 大匙

泰式紅咖哩醬 1 大匙 (作法見第 13 頁)

奶油南瓜 500 克 (去皮、去籽、切塊)

蔬菜高湯 450 毫升

低脂椰奶 400 毫升

卡菲爾萊姆（青檸）葉 6 片

(搗碎，另備一些切絲供裝飾)

新鮮或冷凍豌豆 200 克

木棉豆腐 300 克 (切丁)

淡醬油 2 大匙

萊姆（青檸）汁 1 顆量

香菜（芫荽）葉 (裝飾用)

新鮮紅辣椒 (切細末，裝飾用)

作法

1 炒鍋或深平底煎鍋內倒入油，加熱，咖哩醬入鍋以小火翻炒 1 分鐘，加入奶油南瓜，翻炒幾下後倒入高湯、椰奶和萊姆葉。

2 煮滾後蓋上鍋蓋，調小火煨煮 15 分鐘至南瓜變軟。拌入豌豆、豆腐、醬油和萊姆汁，續煨煮 5 分鐘至豌豆煮熟。

3 盛入碗裡，以萊姆葉絲及香菜碎和紅辣椒裝飾。

🥄 **多一味**

泰式綠咖哩煮蔬菜
Thai Green Vegetable Curry

以綠咖哩醬 (作法見第 13 頁) 取代紅咖哩醬，奶油南瓜則由切片的紅蘿蔔 1 根、切片的櫛瓜 1 條和去核、去籽並切片的紅椒 1 顆代替，煮法如上述步驟。

乾炒咖哩苦瓜
Dry Bitter Melon Curry

🕐 準備時間：10 分鐘，加靜置時間
🕐 烹製時間：25 ～ 30 分鐘
👨‍👩‍👧‍👧

材料
苦瓜 2 顆
薑黃粉 1 大匙
花生油 1 大匙
洋蔥 1 小顆（切半、切薄片）
咖哩粉 1 大匙 (作法見第 12 頁)
辣椒粉 ½ 小匙
龍舌蘭糖漿 2 小匙
番茄 3 顆 (切粗丁)
淡醬油 1 ～ 2 大匙
海鹽少許

作法
1 用削皮器將苦瓜皮和瘤狀物刮除，剛好把凸出來的部分削掉。
2 果肉切成薄片，放入濾鍋，撒上海鹽，靜置 30 分鐘，用冷自來水洗去苦汁，廚房紙巾吸乾水分，放入盤子，撒上薑黃翻拌均勻。
3 大平底煎鍋內倒入油以中火加熱，洋蔥入鍋翻炒 4 ～ 5 分鐘，加入咖哩、辣椒粉、龍舌蘭糖漿和番茄，續翻炒 8 ～ 10 分鐘。
4 拌入苦瓜片，邊煮邊攪拌 10 ～ 15 分鐘，拌入醬油，搭配白飯。

🍜 多一味
咖哩拌炒乾秋葵和馬鈴薯
Dry Okra & Potato Curry

1. 將秋葵 500 克切成 2.5 公分長度；取大平底煎鍋，加入花生油 1 大匙以中火加熱。
2. 洋蔥切細末，翻炒 4 ～ 5 分鐘至變軟和透明，加入微辣咖哩粉 (作法見第 12 頁)2 大匙、龍舌蘭糖漿 1 小匙和切碎的番茄 3 顆，持續翻炒 8 ～ 10 分鐘。
3. 拌入秋葵和煮過的馬鈴薯塊 200 克，大火煮 6 ～ 8 分鐘，搭配米飯享用。

果阿香料咖哩茄子
Spicy Goan Aubergine Curry

🕐 準備時間：15 分鐘

🍴 烹製時間：約 25 分鐘

👨‍👩‍👧‍👦

材料

孜然籽 1 小匙

香菜（芫荽）籽 4 小匙

卡宴辣椒粉 1 小匙

新鮮綠辣椒 2 根（去籽、切片）

薑黃粉 ½ 小匙

大蒜 4 瓣（壓碎）

生薑 1 大匙

溫水 300 毫升

低脂椰奶 400 毫升

酸子（羅望子）醬 1 大匙

茄子 1 大條（縱向切薄片）

鹽和胡椒少許

作法

1 取平底不沾鍋，小火乾烘孜然和香菜籽 2～3 分鐘至有香味，離火後將其輕輕壓碎，放入大的深平底鍋，加入卡宴辣椒粉、辣椒、薑黃、大蒜、薑和溫水。

2 煮滾，調小火煨煮 10 分鐘至濃稠，拌入椰奶和酸子醬，為咖哩醬。

3 燒烤鍋內襯錫箔紙，排上茄子片，表面刷上少許咖哩醬；在預熱至大火的熱燒烤爐下烤，中間翻面一次，至金黃軟嫩為咖哩茄子。

4 咖哩茄子可搭配饢餅或印度薄煎餅一起上桌。

🥣 多一味

咖哩煮腰果櫛瓜
Cashew and Courgette Curry

1. 烘烤腰果：腰果浸泡水中 20 分鐘，取出後切碎，在平底煎鍋內乾烘，中途不時搖晃鍋子，至腰果略呈焦黃色。

2. 將烘烤過的腰果 200 克加入做好的咖哩醬中。

3. 櫛瓜 4 條切片取代茄子，按照上述作法 3 的步驟，撒上核桃油。

香料咖哩炒馬鈴薯
Spiced Potato Curry

🕐 準備時間：20 分鐘

🕐 烹製時間：6 ～ 8 分鐘

👪👩

材料

花生油 1 大匙

黑芥末籽 1 ～ 2 小匙

辣椒粉（或紅椒粉）1 小匙

孜然籽 4 小匙

咖哩葉 8 ～ 10 片

孜然粉 2 小匙

香菜（芫荽）粉 2 小匙

薑黃粉 1 小匙

馬鈴薯 500 克

（去皮、煮熟並切成 2.5 公分塊狀）

香菜（芫荽）葉 6 大匙（切碎）

檸檬汁 4 大匙

鹽和胡椒少許

作法

1 大的不沾炒鍋或平底煎鍋內倒入油以中大火加熱，芥末籽、辣椒粉、孜然籽和咖哩葉入鍋，翻炒 1 ～ 2 分鐘至有香味。

2 加入香料粉和馬鈴薯，大火快炒 4 ～ 5 分鐘，離火拌入香菜，上桌前擠上檸檬汁。

🥣 多一味

咖哩快炒菠菜馬鈴薯
Quick Curried Spinach &Potato Sauté

1.按照上述食譜作法，接在馬鈴薯翻炒 4 ～ 5 分鐘之後，輕輕地放入嫩菠菜 100 克。

2.翻炒 1 ～ 2 分鐘，離火，擠上 4 大匙檸檬汁，佐以米飯或麵包，即刻享用。

咖哩煮秋葵、豌豆和番茄
Okra, Pea & Tomato Curry

🕐 準備時間：5 分鐘

⏱ 烹製時間：約 20 分鐘

👪👩👧

材料

花生油 1 大匙

咖哩葉 6～8 片

黑芥末籽 2 小匙

洋蔥 1 顆 (切細丁)

孜然粉 2 小匙

香菜（芫荽）粉 1 小匙

咖哩粉 2 小匙

薑黃粉 1 小匙

大蒜 3 瓣 (切細末)

秋葵 500 克 (斜切成 2.5 公分大小)

新鮮或冷凍豌豆 200 克

熟李形番茄 2 顆 (切細丁)

鹽和胡椒少許

新鮮椰子刨絲 3 大匙 (搭配佐餐)

作法

1 大的不沾炒鍋或平底煎鍋內倒入油，以中火加熱，咖哩葉、芥末籽和洋蔥入鍋，翻炒 3～4 分鐘至有香味，且洋蔥開始變軟。

2 加入孜然、香菜、咖哩粉和薑黃，續翻炒 1～2 分鐘至有香味。

3 放入大蒜和秋葵，轉大火，邊煮邊攪拌 2～3 分鐘，加入豌豆和番茄，蓋上鍋蓋，調小火煮 10～12 分鐘，偶爾攪拌至秋葵剛軟即可；離火，上菜前撒上椰絲。

🥣 多一味

香料豌豆和番茄手抓飯
Spiced Seeded Pea & Tomato Pilaf

1. 印度香米 300 克放入中型深平底鍋。

2. 加入乾烘孜然籽 2 小匙、乾烘壓碎香菜籽 1 大匙、黑芥末籽 2 小匙、新鮮或冷凍豌豆 200 克，和去皮、去籽並切細丁的番茄 3 顆。

3. 倒入滾沸蔬菜高湯 650 毫升，煮滾後調小火，蓋上鍋蓋，煮 10～12 分鐘或至湯汁完全被吸收。

4. 離火，不掀蓋靜置 10～15 分鐘，用叉子翻鬆米粒，即可上桌。

咖哩燉白花椰菜和鷹嘴豆
Cauliflower & Chickpea Curry

🕐 準備時間：10 分鐘

🥄 烹製時間：約 20 分鐘

👭👫

材料

花生油 1 大匙

青蔥 8 根 (切成 5 公分)

大蒜 2 小匙 (磨碎)

薑粉 2 小匙

中辣咖哩粉 2 大匙 (作法見第 12 頁)

白花椰菜（椰菜花）300 克 (花的部位)

紅椒 1 顆 (去核、去籽、切丁)

黃椒 1 顆 (去核、去籽、切丁)

罐裝番茄丁 400 克

罐裝鷹嘴豆 400 克 (清水沖洗後瀝乾)

鹽和胡椒少許

作法

1 取大的不沾平底煎鍋倒入油，以中火加熱。

2 青蔥入鍋翻炒 2 ～ 3 分鐘，加入大蒜、薑和咖哩粉，翻炒 20 ～ 30 秒至有香味，加入白花椰菜和胡椒，續翻炒 2 ～ 3 分鐘。

3 拌入番茄後煮滾，蓋上鍋蓋，調中火燉煮 10 分鐘，偶爾攪拌，放入鷹嘴豆，煮滾後離火，搭配米飯和薄荷優格沙拉。

🍲 **多一味**

咖哩燉綠花椰菜和眉豆
Broccoli & Black-Eye Bean Curry

煮法同上述步驟，唯以綠花椰菜的花的部位 300 克取代白花椰菜，並以罐裝眉豆 400 克替代鷹嘴豆。

馬來西亞叻沙咖哩蔬菜米粉
Vegetable & Rice Noodle Laksa

🕐 準備時間：20 分鐘
🍳 烹製時間：40 分鐘

👪

材料

咖哩蔬菜米粉

花生油 1 大匙

大蒜 2 大匙 (切細末)

生薑 1 大匙 (去皮切細末)

新鮮紅辣椒 2 根 (切片)

洋蔥 2 顆 (切細片)

叻沙咖哩醬 4 大匙

蔬菜高湯 300 毫升

乾燥米粉 250 克

低脂椰奶 400 毫升

辣豆瓣醬 1 大匙

龍舌蘭糖漿 1 小匙

豆芽 50 克

配餐

青蔥 4 根 (切細片)

新鮮紅辣椒 1 根 (去籽、切薄絲)

香菜葉 25 克 (切細末)

蛋 3 顆 (煮熟、去殼、切半)

烘烤去皮花生 100 克 (切粗粒)

作法

1 大火加熱炒鍋或大的平底煎鍋，倒入油，當開始冒煙時將火調小，加入大蒜、薑、辣椒和洋蔥，翻炒 5 分鐘。

2 倒入咖哩醬和高湯，調小火蓋上鍋蓋，煨煮 20 分鐘。

3 米粉放入一碗溫水中，浸泡 20 分鐘至軟

(或根據包裝說明處理)，徹底瀝乾。

4 椰奶加入作法 2 燉煮的醬汁中，用辣豆瓣醬和龍舌蘭糖漿調味，加入豆芽，續煨煮 15 分鐘。

5 作法 3 的米粉均分放入 4 個溫熱過的碗中，淋上椰子湯，即可享用。

6 將青蔥、辣椒、香菜、蛋和花生放在不同的碗裡，用餐者可自行添加。

 多一味

香料蔬菜炒米粉
Spicy Vegetable & Rice Noodle Stir-Fry

1. 取大炒鍋放入花生油 1 大匙以中火加熱。切片的洋蔥 1 顆、切薄片的大蒜 3 瓣、薑末 1 小匙和切片的紅辣椒 2 根入鍋，翻炒 2 ～ 3 分鐘。

2. 加入一包處理好的蔬菜 400 克和新鮮米粉 300 克，翻炒 3 ～ 4 分鐘或至滾燙，拌入淡醬油 3 大匙和甜辣醬 3 大匙，翻拌均勻。

特里凡得琅咖哩燉甜菜根
Trivandrum Beetroot Curry

🕐 準備時間：15 分鐘

🕐 烹製時間：25 ～ 30 分鐘

👪👪

材料

花生油 1 大匙

黑芥末籽 1 小匙

洋蔥 1 顆 (切碎)

大蒜 2 瓣 (切碎)

新鮮紅辣椒 2 根 (去籽、切細末)

咖哩葉 8 片

薑黃粉 1 小匙

孜然籽 1 小匙

肉桂棒 1 根

生甜菜根 400 克 (去皮、切成細條狀)

罐裝番茄丁 200 克

水 250 毫升

低脂椰奶 100 毫升

萊姆（青檸）汁 1 顆量

鹽少許

香菜（芫荽）葉少許 (切碎裝飾用)

 多一味

香料甜菜根沙拉
Spiced Beetroot Salad

1. 煮熟的甜菜根 625 克切厚片，連同切很薄的紅洋蔥 1 顆和大量芝麻菜，排放在寬盤子上。

2. 低脂椰奶 200 毫升、咖哩粉 1 大匙 (作法見第 12 頁) 和香菜碎及薄荷碎各 4 大匙，拌勻做沙拉醬，淋在甜菜根沙拉上，翻拌均勻後上桌。

作法

1 取炒鍋或平底煎鍋倒入油，以中火加熱，芥末籽入鍋，幾秒後開始「爆裂」時，加入洋蔥、大蒜和辣椒，煮約 5 分鐘至洋蔥變軟和透明。

2 加入剩下的香料和甜菜根，續炒 1 ～ 2 分鐘，加入番茄、水和一撮鹽，燉煮 15 ～ 20 分鐘，偶爾攪拌，至甜菜根變軟。

3 拌入椰奶，續燉煮 1 ～ 2 分鐘，至醬汁變濃稠，拌入萊姆汁並嚐味道；以香菜碎裝飾。

芥末芒果優格咖哩
Mustard, Mango & Yogurt Curry

🕐 準備時間：20 分鐘
🕐 烹製時間：約 20 分鐘

👫👫👫

材料

新鮮椰子 300 克 (刨絲)

新鮮綠辣椒 3 ～ 4 根 (切粗末)

孜然籽 1 大匙

水 500 毫升

結實的熟芒果 3 顆 (去皮、去核、切塊)

薑黃粉 1 小匙

辣椒粉 1 小匙

天然脫脂優格 300 毫升 (輕輕拌勻)

花生油 1 大匙

黑芥末籽 2 小匙

辛辣紅辣椒乾 3 ～ 4 根

咖哩葉 10 ～ 12 片

作法

1 椰子、綠辣椒和孜然籽放入食物處理機，
加入一半的水，攪拌成漿狀為椰漿。

2 芒果放入厚底平底鍋裡，加入薑黃、辣
椒粉及剩下的水，煮滾後加入椰漿，翻
拌均勻，蓋上鍋蓋，中火燉煮 10 ～ 12
分鐘至些微濃稠，過程中偶爾攪拌。

3 倒入優格，小火加熱並持續翻拌至溫透
即可；不要煮滾，否則會凝結；離火並
保溫。

4 取小平底鍋倒入油，以中大火加熱，芥
末籽入鍋，幾秒後開始「爆裂」，立刻
加入辣椒乾和咖哩葉，翻炒幾秒至辣椒
顏色變深。

5 將作法 4 混炒過的香料拌入芒果咖哩。

🥣 多一味

香料芒果薄荷沙拉
Spicy Mango & Mint Salad

1. 熟芒果 4 顆去皮、去核並切塊。

2. 紅洋蔥 ½ 顆切薄片，櫻桃番茄 12 顆
切半，加上大量薄荷葉，與切好的芒
果一起裝盤為沙拉。

3. 天然脫脂優格 200 毫升、萊姆汁 1 顆
量、龍舌蘭糖漿 1 小匙和紅辣椒 1 根
切細丁攪拌均勻為沙拉醬，淋在沙拉
上，翻拌均勻。

咖哩煮萊姆葉腰果
Lime Leaf & Cashew Nut Curry

🕐 準備時間：10 分鐘
🕐 烹製時間：50 分鐘

👩👩👩

材料

低脂椰奶 600 毫升

洋蔥 1 顆（切碎）

生薑 1 小匙（去皮、磨細末）

高良薑 1 小匙（去皮、磨細末）

新鮮綠辣椒 2 根（去籽、切細末）

卡菲爾萊姆（青檸）葉 10 片

肉桂棒 1 根

薑黃粉 1 小匙

生腰果 250 克

新鮮或冷凍豌豆 200 克

香菜（芫荽）葉 2 大匙（切碎，裝飾用）

作法

1 椰奶、洋蔥、薑、高良薑、辣椒、萊姆葉、肉桂棒和薑黃放入中型深平底鍋，煮滾後將火調小煨煮 20 分鐘。

2 放入腰果續煮 20 分鐘或至變軟，加入豌豆煮 3～4 分鐘，離火，去除肉桂棒和萊姆。

3 將香菜撒在咖哩上，搭配泰國香米和泡菜，趁熱上桌。

🥄 **多一味**

烘烤香料腰果
Toasted Spicy Cashew Nuts

1. 烘烤過的全腰果 500 克放在沒有抹油的烤盤上，並在已預熱至攝氏 180 度的烤爐中，烤約 10 分鐘或至溫透。

2. 另將中辣咖哩粉 1 大匙（作法見第 12 頁）、煙燻甜紅椒粉 1 大匙和壓碎的乾咖哩葉 2 小匙一起混和，以海鹽調味為香料。

3. 將溫熱的腰果和香料翻裹均勻，可以做為點心或雞尾酒的佐餐。

老撾咖哩燉蘑菇豆腐
Lotian Mushroom & Tofu Curry

🕐 準備時間：15 分鐘

🕐 烹製時間：約 1 小時

👭👭

材料

花生油 1 大匙

紅蔥頭 6 顆 (切粗末)

大蒜 1 瓣 (切碎)

生薑 1 塊 (切 4 公分長，去皮、切薄片)

檸檬草（香茅）2 株

去外面硬葉，切成 5 公分大小)

微辣咖哩粉 1 大匙 (作法見第 12 頁)

紅椒 1 顆 (去核、去籽、切粗末)

紅蘿蔔 2 大根 (斜切片)

大蘑菇 400 克 (切厚片)

木棉豆腐 250 克 (切塊)

蔬菜高湯 900 毫升

低脂椰奶 400 毫升

鹽和胡椒少許

豆芽菜 50 克 (裝飾用)

作法

1 取大的深平底鍋倒入油，以中火加熱，紅蔥頭入鍋煮 5 分鐘至變軟和透明，拌入大蒜、薑、檸檬草和咖哩粉，續輕炒 5 分鐘至有香味。

2 加入紅椒、紅蘿蔔、蘑菇和豆腐炒勻，倒入高湯煮滾，拌入椰奶，繼續煮滾，火關小燉煮 45 ～ 50 分鐘至蔬菜變軟。

3 將咖哩盛入溫過的碗，以一撮豆芽菜為裝飾，搭配米飯或麵包。

🥄 多一味

快炒蘑菇豆腐
Mushroom &Tofu Stir-Fry

1. 深色醬油 2 大匙、蠔油 2 大匙、檸檬草醬 1 大匙、蜂蜜 1 小匙和中國米酒 (或沒有甜味的雪莉酒)2 大匙混和後放置一旁備用。

2. 取大的不沾炒鍋，倒入花生油 1 大匙加熱，加入瀝乾的罐裝竹筍 200 克和切片的香菇 400 克，翻炒 6 ～ 7 分鐘或至菇軟並略呈焦黃色。

3. 加入切丁的木棉豆腐 250 克及上述的混和醬汁，翻炒至滾燙。

咖哩奶豆腐
Paneer Curry

🕐 準備時間：20 分鐘

🔥 烹製時間：約 30 分鐘

👨‍👩‍👧‍👦👨‍👩

材料

花生油 1 大匙

紅蔥頭 8 顆 (切細末)

咖哩粉 2 大匙 (作法見第 12 頁)

熟李形番茄 4 顆 (切粗末)

大蒜 2 小匙 (磨細末)

新鮮紅辣椒 2 根 (去籽、切細片)

番茄糊 2 大匙

棕櫚糖 (或紅糖)1 小匙

水 150 毫升

濃縮番茄醬 200 毫升

奶豆腐 500 克 (切塊)

新鮮或冷凍豌豆 200 克

鹽和胡椒適量

香菜（芫荽）葉 6 大匙 (切細末)

作法

1 取大的不沾炒鍋倒入油，以中大火加熱，紅蔥頭入鍋翻炒 2 ～ 3 分鐘，撒上咖哩粉，續翻炒 1 分鐘至有香味。

2 加入番茄、大蒜、辣椒、番茄糊、糖和水，煮滾後關小火，不加蓋，煨煮 15 ～ 20 分鐘。

3 拌入濃縮番茄醬、奶豆腐和豌豆，煨煮 5 分鐘或至奶豆腐熱透和豌豆煮熟，離火，上菜前拌入香菜碎。

🥄 **多一味**

香料奶豆腐搭烤麵包片
Spicy Paneer Bruschetta

1. 奶豆腐 300 克磨細，放入碗裡。

2. 加入切細丁的紅蔥頭 4 顆、去皮去籽並切細丁的黃瓜 ½ 根、切細末的綠辣椒 1 根、少許香菜葉末、淡橄欖油 2 大匙和萊姆汁 2 顆量，翻拌均勻為奶豆腐醬。

3. 略微烤過的拖鞋麵包切成 12 塊厚片裝盤，將奶豆腐醬舀在吐司上，即可享用。

南印度燉菜
South Indian Vegetable Stew

🕐 準備時間：15 分鐘

🕐 烹製時間：20 ～ 25 分鐘

👩👩👩

材料

花生油 1 大匙

紅蔥頭 6 顆 (切半後切薄片)

黑芥末籽 2 小匙

咖哩葉 8 ～ 10 片

新鮮綠辣椒 1 根 (切薄片)

生薑 2 小匙 (去皮磨細末)

薑黃粉 1 小匙

孜然粉 2 小匙

黑胡椒粒 6 粒

紅蘿蔔 2 根 (切成厚條狀)

櫛瓜（翠玉瓜）1 條 (切成厚條狀)

四季豆 200 克 (掐頭去筋)

馬鈴薯 1 顆 (去皮，切薄條狀)

低脂椰奶 400 毫升

蔬菜高湯 400 毫升

檸檬汁 2 大匙

鹽和胡椒少許

作法

1 取大的平底煎鍋倒入游，以中火加熱，紅蔥頭入鍋翻炒 4 ～ 5 分鐘，加入芥末籽、咖哩葉、辣椒、薑、薑黃、孜然和胡椒粒，續翻炒 1 ～ 2 分鐘至有香味。

2 紅蘿蔔、櫛瓜、四季豆和馬鈴薯入鍋，倒入椰奶和高湯煮滾，轉小火，蓋上鍋蓋，煨煮 12 ～ 15 分鐘至蔬菜變軟，離火，上菜前擠上檸檬汁。

🥄 多一味

香料咖哩燉番茄、蔬菜和椰子
Spicy Tomato, Vegetable & Coconut Curry

煮法同上，唯以大辣咖哩粉 (作法見第 12 頁)2 大匙取代薑黃、孜然和黑胡椒粒，另以濃縮番茄醬 400 毫升替代蔬菜高湯，與白飯一起享用。

咖哩煮印度小瓜和扁豆
Tindori & Lentil Curry

🕐 準備時間：15 分鐘
🕐 烹製時間：35 分鐘
👨‍👩‍👧‍👦

材料
綠扁豆 125 克 (清水沖洗)
花生油 1 大匙
薑黃粉 1 小匙
瑪撒拉綜合香料 2 小匙
孜然籽 1 小匙
黑種草籽 1 小匙
新鮮紅辣椒 1 根 (切細末)
新鮮綠辣椒 1 根 (切細末)
番茄 3 大顆 (切碎)
印度小瓜 250 克 (清水沖洗並去頭尾)
棕櫚糖 (或紅糖) 2 大匙
酸子（羅望子）醬 1 大匙
滾水 150 毫升
鹽和胡椒少許

作法
1 取深平底鍋煮滾水，扁豆入鍋煮 20 分鐘
  至軟，徹底瀝乾。
2 另取大的深平底鍋倒入油加熱，炒薑黃、
  瑪撒拉綜合香料、孜然籽和黑種草籽 1 ～
  2 分鐘，或至香料嗞嗞作響。
3 加入切碎的辣椒、番茄、扁豆和印度小
  瓜，煮滾後蓋上鍋蓋，關小火煨煮 10 分
  鐘，偶爾攪拌。
4 糖、酸子醬和滾水混和後入鍋，攪拌均
  勻，小火續煮 5 分鐘；與印度薄煎餅一
  起享用。

🥄 多一味

綠芒果和紅洋蔥沙拉
Green Mango & Red Onion Salad

綠芒果 1 小顆去皮去核，果肉切成細
絲，紅洋蔥 1 小顆切細末，與芒果絲及
少許香菜葉混合，封好後放入冰箱冷藏
待用。

咖哩西瓜和南瓜籽
Watermelon & Pumpkin Seed Curry

🕐準備時間：15 分鐘

🕐烹製時間：6 ～ 7 分鐘

👭👭

材料

花生油 2 大匙

大蒜 2 大瓣 (壓碎)

茴香籽 2 小匙

黑種草籽 1 小匙

紅椒粉 1 小匙

薑黃粉 1 小匙

西瓜 1 小顆 (去皮、去籽並切成 2 公分塊狀)

萊姆（青檸）汁 1 顆量

南瓜籽 8 大匙 (烘烤)

鹽少許

薄荷葉少許 (切粗末，裝飾用)

作法

1 取大的深平底鍋倒入油，以中火加熱，大蒜、茴香籽、黑種草籽、紅椒粉和薑黃粉入鍋，翻炒 1 分鐘至有香味。

2 加入西瓜，並翻炒 4 ～ 5 分鐘，離火，加入萊姆汁和南瓜籽，翻拌均勻，撒上薄荷。

🥄 多一味

西瓜、萊姆和薑口味的薄荷飲料
Minted Watermelon, Lime & Ginger Cooler

1.小西瓜 1 顆果肉去籽，放入食物處理機，加入磨碎的薑 1 小匙、磨細末的萊姆皮和萊姆汁 2 顆量、龍舌蘭糖漿 4 大匙和少許切細末的薄荷葉。

2.拌打至滑順，分裝入 4 個高腳杯並裝碎冰。

rice, pulses & grains

米、豆和穀類

明蝦香菜飯
Prawn & Coriander Pilaf

🕐 準備時間：10 分鐘

🕐 烹製時間：20 ～ 30 分鐘

👪

材料

花生油 1 大匙

洋蔥 1 大顆 (切細末)

新鮮紅辣椒 1 根 (去籽、切細丁)

大蒜 2 瓣 (切細末)

新鮮咖哩醬 2 大匙

印度香米 250 克

魚高湯 600 毫升

萊姆（青檸）1 顆 (磨細末的皮和果汁)

香菜（芫荽）葉 20 克 (切細末)

去殼熟明蝦 300 克

鹽和胡椒少許

作法

1 大的深平底鍋內倒入油，以中火加熱，洋蔥入鍋輕炒 4 ～ 5 分鐘，放入辣椒、大蒜和咖哩醬，翻炒 1 ～ 2 分鐘至有香味，加米混和均勻。

2 倒入高湯，加入萊姆皮，蓋上鍋蓋，文火煮 15 ～ 20 分鐘至高湯被吸收且米煮熟。

3 拌入萊姆汁、香菜和明蝦，待蝦溫透後即可上桌。

🍲 多一味

自製新鮮咖哩醬
Homemade Fresh Curry Paste

1. 切片的綠辣椒 2 根、切碎的大蒜 6 瓣、小豆蔻粉 1 小匙、磨碎的薑 2 小匙、刨絲的新鮮椰子 2 大匙、薑黃粉 1 小匙、丁香 2 粒、孜然籽 2 小匙、大量切碎的香菜葉、啤酒或白酒醋 2 大匙、萊姆汁 1 顆量和水 100 毫升，放入迷你攪拌器，拌打均勻成糊狀，必要時可加入更多水。

2. 沒用完的咖哩醬放入密封罐裡放冷藏室保存一週，或少量分裝冷凍供以後使用。

咖哩煮鷹嘴豆和紅椒
Chickpea & Red Pepper Curry

🕐 準備時間：10 分鐘

🍴 烹製時間：40 ～ 45 分鐘

👨‍👩‍👧

材料

花生油 1 大匙

大蒜 4 瓣（壓碎）

生薑 2 小匙（去皮、磨細末）

洋蔥 1 大顆（磨粗末）

新鮮綠辣椒 1 ～ 2 根（切細片）

辛辣辣椒粉 1 小匙

孜然粉 1 大匙

香菜（芫荽）粉 1 大匙

天然脫脂優格 3 大匙（另備淋在菜上）

番茄糊 4 大匙

瑪撒拉綜合香料 2 小匙

水 500 毫升

酸子（羅望子）醬 2 小匙

中辣咖哩粉 2 小匙（作法見第 12 頁）

紅椒 1 顆（去核、去籽、切塊）

罐裝鷹嘴豆 2 罐

（每罐 400 克，清水沖洗後瀝乾）

鹽少許

香菜（芫荽）葉少許（切碎，裝飾用）

檸檬（青檸）角少許（搭配佐餐）

作法

1 大的平底煎鍋內倒入油以中火加熱，大蒜、薑、洋蔥和辣椒入鍋，翻炒 6 ～ 8 分鐘至洋蔥略呈金黃色，加入辣椒粉、孜然、香菜粉、優格、番茄糊和瑪撒拉綜合香料，續翻炒 1 ～ 2 分鐘。

2 倒入水煮滾，放入酸子醬、咖哩粉、紅椒和鷹嘴豆，再次煮滾，關小火煨煮 25 ～ 30 分鐘至醬汁濃稠。

3 分成 4 小碗，淋上優格，並以香菜碎裝飾，檸檬角放旁邊一同上桌。

🥄 多一味

鷹嘴豆紅椒飯
Chickpea & Red Pepper Pilau

1. 取大的深平底鍋倒入花生油 1 大匙，以中火加熱，洋蔥 1 顆切細末，入鍋炒 5 分鐘至軟，加入切細丁的紅椒 1 顆和切碎的大蒜 1 瓣，續炒 2 分鐘。

2. 拌入印度香米 300 克、罐裝鷹嘴豆 400 克（洗淨、瀝乾）和中辣咖哩粉 1 大匙，翻炒 1 分鐘，倒入滾水 650 毫升，調小火，蓋上鍋蓋，煨煮 10 ～ 12 分鐘或至水分完全被吸收。

3. 離火，燜 10 ～ 15 分鐘，用叉子翻鬆米粒。

菠菜綠豆糊
Spinach & Mung Bean Dhal

🕐 準備時間：10 分鐘，加浸泡時間

🕐 烹製時間：約 40 分鐘

👧👧👧👧

材料

乾去皮綠豆 200 克 (清水沖洗)

水 1.5 公升

阿魏 1 小匙

薑黃粉 1 小匙

嫩菠菜 175 克 (略為切碎)

櫻桃番茄 12 ～ 15 顆

香菜（芫荽）葉少許 (切細末)

花生油 1 大匙

孜然籽 2 小匙

黑芥末籽 2 小匙

新鮮綠辣椒 2 根 (去籽、切細片)

香菜（芫荽）粉 1 大匙

孜然粉 1 大匙

大蒜 2 大匙 (切細末)

生薑 2 大匙 (去皮、切細末)

鹽少許

入香菜碎。

4 小型平底煎鍋內倒入油以大火加熱，油熱後孜然籽、芥末籽、辣椒、香菜粉、孜然粉、大蒜和薑入鍋翻炒 30 ～ 40 秒，將鍋裡的食材倒入綠豆糊中，翻拌均勻，趁熱上桌。

作法

1 綠豆放碗裡，用冷水蓋過，浸泡 5 ～ 6 小時或一晚，放入濾鍋，在冷自來水下沖洗，瀝乾後放入中型深平底鍋裡，倒入水。

2 加入阿魏和薑黃，煮滾，以大火煮 10 分鐘，轉小火煨煮 10 ～ 15 分鐘，去除所有表面的浮渣，需不時攪拌為綠豆糊。

3 用打蛋器將綠豆糊攪拌至非常細滑，加入菠菜翻拌均勻，拌入番茄，中火煮 10 ～ 12 分鐘，需不時攪拌，離火，拌

🥄 **多一味**

香料鷹嘴豆麵餅
Spiced Gram Flour Flatbreads

1. 將全麥麵粉和鷹嘴豆粉各 115 克過篩，加入鹽 1 小匙放入碗裡。

2. 放入孜然籽 2 小匙、薑黃粉 1 小匙、花生油 3 大匙和切碎的香菜葉 2 大匙，混合均勻，倒入水約 200 毫升，做成軟麵團。

3. 平台上撒上薄薄一層麵粉，揉麵 1 ～ 2 分鐘，靜置 10 分鐘，將麵團分成 8 等分，每一小塊攤成 15 公分的圓形，表面刷上一點油為麵餅。

4. 取不沾平底煎鍋，大火加熱，鍋熱後煎麵餅，一次放一片，每面煎 35 ～ 40 秒，再用鏟子壓一下使其受熱均勻。

白花椰菜和火雞香飯
Cauliflower & Turkey Biryani

🕐 準備時間：25 分鐘

🕐 烹製時間：40 分鐘

👪

材料

花椰菜與火雞香飯

火雞胸肉 300 克 (切塊)

花生油 4 大匙

洋蔥切薄片 2 顆

白花椰菜（椰菜花）1 小顆 (切成小花)

月桂葉 2 片

印度香米 300 克

雞高湯 750 毫升

黑種草籽 1 大匙

鹽和胡椒少許

杏仁片 2 大匙 (烘烤，裝飾用)

醃料

洋蔥 1 顆 (切粗末)

大蒜 2 瓣 (切碎)

生薑 25 克 (去皮並切粗末)

薑黃粉 2 小匙

丁香粉 ¼ 小匙

乾辣椒片 ½ 小匙

肉桂粉 ¼ 小匙

中辣咖哩粉 2 小匙

檸檬汁 1 大匙

糖 2 小匙

作法

1 所有醃料放入食物處理機，攪拌成濃稠糊狀，放入大碗裡，加入火雞肉混合均勻，放置一旁備用。

2 取大的平底煎鍋倒入油 3 大匙加熱，將一半的洋蔥片入鍋，炸至深金黃色和酥脆，用漏勺撈起，放在廚房紙巾上瀝油。

3 花椰菜入平底煎鍋輕炒 5 分鐘，加入剩下的洋蔥，拌炒約 5 分鐘至花椰菜變軟並呈金黃色，放在廚房紙巾上瀝油。

4 鍋裡倒入剩下的油加熱，火雞肉連同醃醬一起入鍋，輕炒 5 分鐘，過程中不斷拌炒；加入月桂葉、米和高湯，煮滾後轉文火煨煮 10 ～ 12 分鐘，中途偶爾翻拌至米變軟且高湯被吸收。

5 如果飯煮熟前湯汁已乾，可加入水少許，拌入黑種草籽和花椰菜待熱透，以洋蔥酥和烘烤過的杏仁裝飾。

 多一味

黃瓜薄荷優格沙拉
Cucumber & Mint Raita

將天然脫脂優格 175 毫升放入碗裡，加入去籽並磨碎的黃瓜 75 克、切碎的薄荷 2 大匙、孜然粉 1 小撮和檸檬汁，並放入鹽調味，靜置 30 分鐘後即可享用。

羊肉紅米飯
Lamb & Red Rice Pilaf

🕐 準備時間：20 分鐘

🕐 烹製時間：75 分鐘

👪👧

材料

小豆蔻莢 10 莢

孜然籽 2 小匙

香菜（芫荽）籽 2 小匙

淡橄欖油 2 大匙

羔羊肩瘦肉 500 克 (去除多餘肥肉、切丁)

紅洋蔥 2 顆 (切片)

生薑 25 克 (去皮、磨碎)

大蒜 2 瓣 (壓碎)

薑黃粉 ½ 小匙

紅米 200 克

羊高湯 600 毫升 (作法見下方)

松子 40 克

軟杏乾 75 克 (切薄片)

芝麻菜 50 克

鹽和胡椒少許

作法

1　烤爐預熱至攝氏 180 度；壓碎小豆蔻莢取籽棄豆莢，用研砵和杵將豆蔻、孜然和香菜籽磨粗粒。

2　取小的耐熱深烤盤熱油，將作法 1 的香料炒 30 秒，加入羔羊肉和洋蔥，與香料拌炒，放入預熱好的烤爐烤 40 分鐘，至羊肉和洋蔥都呈焦黃色。

3　鍋子放回爐火上，拌入薑、大蒜、薑黃和米，倒入高湯煮滾，蓋上鍋蓋，或用錫箔紙封好，設定最低溫度煮約 30 分鐘，至米飯變軟且高湯被吸收。

4　拌入松子和杏子，撒上芝麻菜，輕輕拌入飯裡，盛盤後即可上桌。

🥘 **多一味**

自製羊高湯
Homemade Lamb Stock

1. 烤過的羔羊骨頭 750 克和肉屑放入大的深平底鍋，加入切粗末的洋蔥 1 顆、切粗片的大紅蘿蔔 2 根和切粗片的芹菜 2 根、黑胡椒粒 1 小匙和幾片月桂葉及幾株百里香。

2. 倒入冷水蓋過所有食材，慢火煮滾，調小火煨煮 3 小時，必要時撈掉浮渣，高湯過篩後放涼，放入冰箱冷藏可保存一週，或冷凍待以後使用。

咖哩黑扁豆
Black Lentil Curry

🕐 準備時間：20 分鐘，加浸泡時間

🕐 烹製時間：約 1 小時

👫👫👫

材料

乾黑扁豆全豆 125 克 (清水沖洗後瀝乾)

水 1 公升

花生油 1 大匙

洋蔥 1 顆 (切細末)

大蒜 3 瓣 (壓碎)

生薑 2 小匙 (去皮、磨細末)

新鮮綠辣椒 1 根 (縱切兩半)

孜然籽 2 小匙

香菜（芫荽）粉 1 小匙

薑黃粉 1 小匙

紅椒粉 1 小匙 (另備一些撒在菜上)

罐裝大紅豆 200 克 (沖洗乾淨後瀝乾)

香菜（芫荽）葉 大量 (切碎)

鹽少許

天然脫脂優格 200 毫升 (拌勻佐餐用)

作法

1 扁豆放入深碗裡，冷水蓋過扁豆，浸泡 10 ～ 12 小時，移至濾鍋，在冷自來水下沖洗、瀝乾。

2 放入深平底鍋，倒入一半的水，煮滾後調小火煨煮 35 ～ 40 分鐘至軟，瀝乾放置一旁備用。

3 大的深平底鍋倒入油以中火加熱，洋蔥、大蒜、薑、辣椒、孜然籽和香菜粉入鍋，翻炒 5 ～ 6 分鐘至洋蔥變軟和透明，放入薑黃、紅椒粉、大紅豆和扁豆，翻拌均勻。

4 倒入剩下的水再煮滾，關小火煨煮 10 ～ 15 分鐘，需不時攪拌，離火後拌入香菜，撒上些許紅椒粉，佐以優格，即可享用。

🍵 多一味

印度全麥千層餅
Wholemeal Parathas

1. 全麥麵粉 225 克和普通麵粉 100 克過篩，放入大碗，加入小豆蔻粉 1 小匙和鹽 1 小匙，中間留洞，倒入溫熱的酸奶 250 毫升和花生油 2 大匙，混合均勻做成軟麵團。

2. 平台上撒上薄薄一層麵粉，取軟麵團揉麵 10 分鐘，捏成球狀，放入碗內以濕布覆蓋，靜置 20 分鐘，將麵團分成 12 球，每球擀成 15 公分的圓形。

3. 中火加熱不沾平底煎鍋，每張餅皮刷上一點油，摺一半，再刷一次油，再摺一半，成一個三角形。

4. 撒上少許麵粉，用擀麵棍擀成 15 公分的三角形，放入熱鍋裡，每面煎 1 分鐘。

雞肉醃核桃飯
Chicken & Pickled Walnut Pilaf

🕐準備時間：20 分鐘

🍳烹製時間：35 分鐘

👨‍👩‍👧

材料

雞大腿肉 400 克 (去皮、去骨、切碎)

摩洛哥綜合香料 2 小匙

淡橄欖油 2 大匙

松子 25 克

洋蔥 1 大顆 (切碎)

大蒜 3 瓣 (切片)

薑黃粉 ½ 小匙

混合野生長米 250 克

雞高湯 300 毫升

仔薑 3 塊 (切細末)

西芹 3 大匙 (切碎)

薄荷葉 2 大匙 (切碎)

醃核桃 50 克 (切片)

鹽和胡椒少許

作法

1 雞肉加混合香料及鹽少許，翻拌裹勻；
   取大的平底煎鍋熱倒入油加熱，將松子
   炒至開始變色，用漏勺瀝油，雞肉入鍋
   輕炒 6 ~ 8 分鐘，拌炒至略呈焦黃。

2 洋蔥入鍋輕炒 5 分鐘，加入大蒜和薑黃，
   續炒 1 分鐘，放入米和高湯煮滾，轉小
   火燜煮約 15 分鐘，至米變軟且高湯被吸
   收 (若米飯還未煮熟已沒有水分，可加水
   少許)。

3 拌入薑、西芹、薄荷、核桃和松子，小
   火加熱 2 分鐘。

🥣 多一味

自製摩洛哥混合香料
Homemade Moroccan Spice Mix

茴香籽、孜然籽、香菜籽和芥末籽各 ½
小匙壓碎，加入丁香粉和肉桂粉各 ¼ 小
匙混合均勻。

酸子咖哩紅扁豆
Tamarind & Red Lentil Curry

🕐 準備時間：10 分鐘

🕑 烹製時間：50 分鐘

👫👫👫

材料

乾紅扁豆（或馬粟豆）250 克 (清水沖洗)

薑黃粉 1 小匙

滾水 1 公升

花生油 1 大匙

黑芥末籽 1 小匙

中辣咖哩粉 1 大匙 (作法見第 12 頁)

辛辣紅辣椒乾 4 根

月桂葉 1 片

水 150 毫升

酸子（羅望子）醬 2 小匙

龍舌蘭糖漿 1 小匙

香菜（芫荽）葉少許 (切碎)

鹽少許

作法

1 扁豆和薑黃放入中型深平底鍋，倒入水煮滾，調小火煨煮 40 分鐘，撈掉所有表面浮渣，需不時攪拌，再用打蛋器拌打至較為滑順。

2 炒鍋或平底煎鍋倒入油以中火加熱，芥末籽入鍋幾秒後開始「爆裂」時，加入咖哩粉、辣椒和月桂葉，翻炒 5 ～ 6 秒至辣椒顏色變深。

3 加入煮好的扁豆和水，翻拌均勻，加入酸子醬和龍舌蘭糖漿，煮滾，調小火煨煮 8 ～ 10 分鐘，拌入香菜。

🥄 多一味

番茄飯
Tomato Rice

1. 取大的深平底鍋倒入花生油 1 大匙以中火加熱，放入切片的紅蔥頭 2 顆、切片的大蒜 2 瓣和孜然籽 2 小匙，炒 4 ～ 5 分鐘至變軟和有香味。

2. 加入去皮、去籽、切細丁的番茄 4 顆及印度香米 300 克，翻炒 2 ～ 3 分鐘，倒入滾水 650 毫升，煮滾後調小火，蓋上鍋蓋鍋，煨煮 10 ～ 12 分鐘，或至水分完全被吸收。

3. 離火，燜 10 ～ 15 分鐘，用叉子翻鬆米粒。

旁遮普咖哩大紅豆
Punjabi Kidney Bean Curry

🕐 準備時間：10 分鐘，加浸泡時間

🕐 烹製時間：1 小時

👪👪

材料

咖哩大紅豆

乾大紅豆 200 克

花生油 1 大匙

洋蔥 1 顆 (切細末)

肉桂棒 5 公分

乾月桂葉 2 片

大蒜 4 瓣 (壓碎)

生薑 2 小匙 (去皮、磨細末)

香菜（芫荽）粉 1 小匙

孜然粉 2 小匙

中辣咖哩粉 2 大匙 (作法見第 12 頁)

罐裝番茄丁 400 克

滾水 250 毫升

鹽和胡椒少許

配餐

天然脫脂優格 200 毫升 (拌勻)

香菜（芫荽）葉少許 (切碎)

作法

1 大紅豆放入深碗裡，冷水淹過大紅豆，浸泡一晚，放入大的深平底鍋，加入雙倍的水量並煮滾，大火煮 10 分鐘，轉小火燜煮約 40 分鐘至大紅豆變軟。

2 另取大的深平底鍋放入油以中火加熱，洋蔥、肉桂、月桂葉、大蒜和薑入鍋翻炒 4 ～ 5 分鐘，加入香菜粉、孜然和咖哩粉，翻拌均勻。

3 作法 1 的大紅豆瀝乾後入鍋，加入番茄及滾水，煮滾後火調小燉煮 10 分鐘，需不時攪拌，離火，上菜前，將拌勻的優格和香菜迅速拌入。

🥣 **多一味**

手工饟餅
Homemade Naan Breads

1. 低筋全麥麵粉 450 克過篩，連同糖 2 小匙、鹽 1 小匙及發酵粉 1 小匙一起放入大碗，加入花生油 3 大匙，揉進麵粉裡，倒入溫脫脂牛奶 250 毫升，混合均勻為軟麵團。

2. 平台撒上薄薄一層麵粉，軟麵團揉麵 6 ～ 8 分鐘至表面光滑，放回碗裡，覆蓋靜置 20 ～ 25 分鐘，分成 8 球，每球擀成一片厚餅，靜置 10 ～ 15 分鐘。

3. 燒烤爐預熱至中大火，每片厚餅擀成 23 公分的圓餅，表面刷油撒上黑種草籽，分批燒烤；將燒烤架塗上薄油放上餅，在烤爐下每面烤 1 ～ 2 分鐘至膨脹，出現焦黃斑點。

香料扁豆飯
Spiced Rice with Lentils

🕒準備時間：20 分鐘，加燜的時間

🥄烹製時間：20 ～ 25 分鐘

👨👩👧👩

材料

去皮紅扁豆 125 克

印度香米 225 克

葵花籽油 3 大匙

洋蔥 1 顆 (切細末)

薑黃粉 1 小匙

孜然籽 1 大匙

紅辣椒乾 1 根

肉桂棒 1 根

丁香 3 粒

小豆蔻 3 莢 (輕微搗碎)

蔬菜高湯 500 毫升

櫻桃番茄 8 顆 (切半)

香菜（芫荽）葉 6 大匙 (切細末)

鹽和胡椒少許

酥炸洋蔥 (裝飾用)

作法

1 冷水掏洗紅扁豆和米數次，充分瀝乾。

2 厚底深平底鍋倒入油加熱，洋蔥入鍋以中火翻炒 6 ～ 8 分鐘，加入香料。

3 續翻炒 2 ～ 3 分鐘，加入瀝乾的米和扁豆，再翻炒 2 ～ 3 分鐘，放入高湯、番茄和新鮮香菜，煮滾後調小火，蓋緊鍋蓋，燜煮 10 分鐘。

4 鍋子離火燜 10 分鐘，裝盤，用酥炸洋蔥裝飾，可搭配泡菜和天然優格。

🥄 多一味

香料去皮黃豌豆飯
Spiced Rice with Yellow Split Peas

用等量的去皮黃豌豆取代紅扁豆，以相同的方式處理食材，烹煮程序同上。

峇里蔬菜炒飯
Balinese Vegetable Fried Rice

🕐 準備時間：15 分鐘

🕑 烹製時間：10 ～ 15 分鐘

👨👩👧👩

材料

櫛瓜（翠玉瓜）1 條 (切成厚條狀)

紅蘿蔔 1 根 (切成細條狀)

四季豆 200 克 (切半)

花生油 1 大匙 (另備一些供塗油)

青蔥 6 根 (切斜細片)

大蒜 3 瓣 (切薄片)

香菜（芫荽）粉 1 小匙

中辣咖哩粉 1 小匙 (作法見第 12 頁)

紅椒 ½ 顆 (去核、去籽、切片)

黃椒 ½ 顆 (去核、去籽、切片)

長米冷飯 400 克

淡醬油 2 大匙

蛋 2 顆

香菜（芫荽）葉 1 大匙

(切細末，另備一些供裝飾)

水 1 大匙

鹽和胡椒適量

薄荷葉 (裝飾用)

作法

1 水放入大的深平底鍋，煮滾，加點鹽，放入櫛瓜、紅蘿蔔和四季豆汆燙 2 分鐘，瀝乾後備用。

2 取有蓋的大炒鍋或平底煎鍋倒入油，以中火加熱，放入青蔥、大蒜、香菜粉和咖哩粉，翻炒 2 ～ 3 分鐘，加入紅、黃椒，續翻炒 1 分鐘。

3 飯和蔬菜入鍋翻炒 3 ～ 4 分鐘，拌入醬油拌炒均勻，離火，蓋上鍋蓋保溫。

4 中型平底煎鍋放入油，以小火加熱；蛋、香菜葉和水打勻為蛋液，倒入鍋裡，搖晃鍋子攤平。

5 小火煮 1 ～ 2 分鐘至底部凝固，小心翻面，續煮 1 分鐘，盛至砧板上，切成細條狀。

6 米飯均分放入 4 個溫熱的盤子，放上切長條的蛋皮，以香菜和薄荷葉裝飾。

 多一味

快速蔬菜咖哩炒飯
Quick Vegetable Curry Fried Rice

1. 將一袋 400 克的冷凍混合蔬菜丁放入一鍋加入些許鹽的滾水裡，汆燙 2 分鐘後充分瀝乾。

2. 取大的不沾炒鍋倒入花生油 1 大匙加熱，放入泰式綠咖哩醬 2 大匙 (作法見第 13 頁)，翻炒 30 秒，加入煮熟的印度香米飯 500 克和蔬菜，大火翻炒 4 ～ 5 分鐘。

3. 倒入低脂椰奶 50 毫升，加熱至滾燙，調味後即可上桌。

奶香燉扁豆和大紅豆
Dhal Makhani with Kidney Beans

🕐 準備時間：20 分鐘，加浸泡時間

⏱ 烹製時間：約 50 分鐘

👪👧👧

材料

乾去皮黑扁豆 125 克 (清水沖洗後瀝乾)

水 500 毫升 (已煮滾)

花生油 1 大匙

洋蔥 1 顆 (切細末)

大蒜 3 瓣（壓碎）

生薑 2 小匙 (磨細末)

新鮮綠辣椒 2 根 (縱切兩半)

薑黃粉 1 小匙

紅椒粉 1 小匙 (另備一些撒菜上)

孜然粉 1 大匙

香菜（芫荽）粉 1 大匙

罐裝大紅豆 200 克

水 500 毫升

嫩菠菜 200 克

香菜（芫荽）葉大量 (切碎)

鹽少許

天然脫脂優格 200 毫升 (拌勻，搭配上菜)

作法

1　黑扁豆放入深碗，以冷水蓋過，浸泡
　　10 ～ 12 小時，移入濾鍋，在冷自來水
　　下沖洗，瀝乾後放入中型深平底鍋。

2　倒入滾水，煮滾後調小火，煨煮 35 ～
　　40 分鐘，撈掉所有浮渣並不時攪拌。

3　另取大的深平底鍋倒入油加熱，洋蔥、
　　大蒜、薑和辣椒入鍋翻炒 5 ～ 6 分鐘，
　　加入薑黃粉、紅椒粉、孜然粉、香菜粉、
　　大紅豆及黑扁豆。

4　倒入水煮滾，轉小火，拌入菠菜，小火
　　煮 10 ～ 15 分鐘，需不時攪拌。

5　離火後拌入香菜碎，淋上優格，撒上些
　　許紅椒粉，即可與千層餅一起上桌。

🥄 多一味

奶香燉扁豆和黑豆
Dhal Makhani with Black Beans

按照上述的食譜烹煮，唯以罐裝黑豆
425 克 (清水沖洗後並瀝乾) 取代大紅
豆，並以口感更為扎實的白捲心菜絲
150 克代替嫩菠菜。

酸子飯
Tamarind Rice

🕐 準備時間：10 分鐘

🕑 烹製時間：約 20 分鐘

👫👫

材料

葵花籽油 1 大匙

紅洋蔥 1 大顆（切薄片）

茄子 2 顆（切塊）

新鮮紅辣椒 1 根（去籽、切薄片）

酸子（羅望子）醬 2 大匙

黑砂糖 1 大匙

煮熟的印度香米飯 500 克

新鮮薄荷葉 8 大匙（切粗末）

嫩菠菜葉 200 克

鹽和胡椒少許

作法

1 取大的平底煎鍋倒入油以中火加熱，洋蔥切片入鍋煮 10 分鐘，或至略微焦黃。

2 轉大火，加入茄子塊、一半的辣椒片、酸子醬 1 大匙和黑砂糖，翻炒 5 分鐘至茄子呈金黃色及開始軟化。

3 將米飯、薄荷、菠菜和剩下的酸子醬加入炒好的茄子和洋蔥，續翻炒 5～6 分鐘或至滾燙。

4 撒上剩下的辣椒片，以鹽和胡椒調味。

🥄 **多一味**

酸子蒔蘿飯
Tamarind & Dill Rice

以切細丁的櫛瓜 2 條取代茄子，並用切細末的新鮮蒔蘿 8 大匙代替薄荷，去掉辣椒片，其餘烹煮程序如上。

辣椒檸檬豌豆飯
Chilli, Lemon & Pea Pulao

🕐準備時間：10 分鐘，加燜的時間

⏱烹製時間：約 15 分鐘

👥👥👥

材料

淡橄欖油 1 大匙

咖哩葉 10 片

喀什米爾紅辣椒乾 2 片 (掰大塊)

桂皮 2 條

丁香 2 ～ 3 粒

綠小豆蔻莢 4 ～ 6 莢 (壓碎)

孜然籽 2 小匙

薑黃粉 ¼ 小匙

印度香米 250 克 (清水沖洗後瀝乾)

檸檬汁 4 大匙

熱蔬菜高湯 500 毫升

新鮮或冷凍豌豆 200 克

鹽和胡椒少許

作法

1 取不沾深平底鍋倒入油以中火加熱，咖哩葉、辣椒、桂皮、丁香、小荳蔻、孜然籽和薑黃入鍋，翻炒 20 ～ 30 秒，加入米，翻炒 2 分鐘至拌裹均勻。

2 放入檸檬汁、高湯和豌豆，煮滾後調小火，蓋上鍋蓋，煮 10 ～ 12 分鐘，或至湯汁完全被吸收，離火燜 10 ～ 15 分鐘，用叉子翻鬆米粒。

 多一味

辣椒雜豆蒔蘿飯
Chilli, Mixed Bean & Dill Rice

作法同上，但以罐裝雜豆 400 克 (清水沖洗後瀝乾) 取代豌豆，並用大量的蒔蘿末取代香菜末，與天然脫脂優格一起享用。

咖哩燉鷹嘴豆和波菜
Chickpea & Spinach Curry

🕐 準備時間：20 分鐘，加浸泡時間

🕐 烹製時間：約 1 小時

👩👩👩

材料

乾鷹嘴豆 200 克

花生油 1 大匙

洋蔥 2 顆 (切薄片)

香菜（芫荽）粉 2 小匙

孜然粉 2 小匙

辛辣辣椒粉 1 小匙

薑黃粉 ½ 小匙

中辣咖哩粉 1 大匙 (作法見第 12 頁)

罐裝番茄丁 400 克

紅綿糖 1 小匙

水 100 毫升

薄荷葉 2 大匙 (切碎)

嫩菠菜 100 克

鹽少許

作法

1 鷹嘴豆放入深碗裡，以冷水蓋過豆子，浸泡一晚；豆子移入濾鍋，在冷自來水下沖洗，瀝乾後放入炒鍋內。

2 加水淹過豆子並煮滾，調小火燉煮 45 分鐘，過程中撈除所有表面的浮渣，需不時攪拌，瀝乾後備用。

3 另在炒鍋裡倒入油加熱，洋蔥入鍋以小火煮 15 分鐘至微呈金黃色，加入香菜、孜然、辣椒粉、薑黃和咖哩粉，翻炒 1 ～ 2 分鐘。

4 加入番茄、糖和水煮滾，蓋上鍋蓋，調小火煨煮 15 分鐘。

5 鷹嘴豆入鍋，小火煮 8 ～ 10 分鐘，拌入薄荷碎；菠菜葉均分放入 4 個淺碗，盛入煮好的鷹嘴豆，搭配米飯或麵包。

🥄 **多一味**

咖哩餡烤紅薯
Curry-Filled Daked Sweet Potatoes

1. 以冷自來水刷洗小紅薯 4 顆，用叉子戳洞。

2. 在預熱至攝氏 200 度的烤爐裡，烤約 1 小時至軟，將紅薯切半，填入咖哩餡 (製作方法同上)，淋上優格，即可享用。

香菇飯
Rice with Shiitake Mushrooms

🕐 準備時間：10 分鐘，加浸泡和燜的時間

🕑 烹製時間：約 25 分鐘

👫👫👫

材料

印度香米 300 克 (清水沖洗後瀝乾)

花生油 2 大匙

香菇 400 克 (切片)

新鮮紅辣椒 1 根 (去籽、切細末)

微辣咖哩粉 1 大匙 (作法見第 12 頁)

肉桂棒 1 根

孜然籽 2 小匙

丁香 2 粒

綠小豆蔻莢 4 莢 (略搗碎)

黑胡椒粒 8 顆

洋蔥酥 4 大匙 (可在亞洲超市買到)

新鮮或冷凍豌豆 200 克

熱蔬菜高湯 700 毫升

作法

1 米放入一碗冷水裡，浸泡 20 分鐘，充分瀝乾。

2 取大的深平底鍋倒入油以大火加熱，放入香菇，翻炒 6 ～ 8 分鐘；加入辣椒、咖哩粉、香料和洋蔥酥，翻炒 2 ～ 3 分鐘，放入豌豆續翻炒 2 ～ 3 分鐘。

3 加入作法 1 的米，拌炒約 1 分鐘，使米粒裹上香料；倒入高湯煮滾，調小火，蓋上鍋蓋煨煮 10 ～ 12 分鐘，或至湯汁完全被吸收。

4 離火，燜 10 ～ 15 分鐘，用叉子翻鬆米粒，搭配沙拉享用。

 多一味

快速香料香菇炒飯
Quick Spicy Mushroom Fried Rice

1. 取不沾平底煎鍋倒入花生油 1 大匙加熱，青蔥 8 根、紅辣椒 1 根、香菇 400 克和大蒜 4 瓣全部切片入鍋，翻炒 5 ～ 6 分鐘。

2. 放入長米冷飯 400 克、芝麻油 1 小匙和淡醬油 4 大匙，翻炒 3 ～ 4 分鐘或至滾燙，即可上桌。

香料扁豆印度香米飯
Spicy Lentil & Basmati Pilau

🕐 準備時間：15 分鐘，加燜的時間

🕐 烹製時間：20 ～ 25 分鐘

👩👩👩

材料

花生油 1 大匙

洋蔥 1 顆 (切細末)

薑黃粉 1 小匙

孜然籽 1 大匙

紅辣椒乾 1 根

肉桂棒 1 根

丁香 3 粒

小豆蔻籽 ½ 小匙 (壓碎)

印度香米 225 克 (清水沖洗)

乾紅扁豆（或馬粟豆）125 克 (清水沖洗)

蔬菜高湯 600 毫升

香菜（芫荽）葉 6 大匙 (切細末)

鹽少許

作法

1 取大的深平底鍋倒入油以中火加熱，洋蔥入鍋翻炒 6 ～ 8 分鐘至非常軟，放入香料，續翻炒 2 ～ 3 分鐘至有香味，加入米和扁豆，再翻炒 2 ～ 3 分鐘。

2 放入高湯和香菜，煮滾後調小火，蓋上鍋蓋，煮 10 ～ 12 分鐘，或至湯汁完全被吸收，離火，燜 10 ～ 15 分鐘，用叉子翻鬆米粒。

🥣 **多一味**

酸子咖哩葉椰子醬
Tamarind, Curry Leaf & Coconut Relish

1. 乾去皮黃豌豆 2 小匙浸泡在冷水裡 2 ～ 3 小時，瀝乾備用。

2. 刨絲的新鮮椰子 200 克、切碎的綠辣椒 2 根和海鹽一大撮放入食物處理機裡，必要時加些許水，攪拌成細糊狀為椰子糊，放入碗裡。

3. 取小平底煎鍋倒入花生油 1 大匙加熱，放入芥末籽 2 小匙和扁豆，蓋上鍋蓋以小火煮至聽見芥末籽開始「爆裂」，加入咖哩葉 6 片和紅辣椒乾 1 根，翻炒 1 分鐘。

4. 將香料和酸子醬 2 小匙加入椰子糊，翻拌均勻。

泰式香料炒飯
Thai Spiced Fried Rice

🕐 準備時間：5 分鐘，加浸泡時間

🕐 烹製時間：約 15 分鐘

👥

材料

泰國香米 225 克

花生油 1 大匙

青蔥 6 根 (切細末)

檸檬草（香茅）4 小匙 (去外面硬葉、切細末)

新鮮紅辣椒 2 根 (去籽、切細末)

泰式綠咖哩醬 1 大匙 (作法見第 13 頁)

滾水 500 毫升

低脂椰奶 100 毫升

鹽少許

九層塔少許 (裝飾用)

作法

1 冷水洗米，換幾次水後瀝乾，浸泡在一碗冷清水裡 15 分鐘，再充分瀝乾。

2 取大的深平底鍋倒入油以中火加熱，放入青蔥、檸檬草、辣椒、咖哩醬和瀝乾的米，翻炒 2 ～ 3 分鐘至有香味及米粒均勻裹上醬料。

3 倒入滾水和椰奶，翻拌均勻，調小火，蓋上鍋蓋煮 10 ～ 12 分鐘，或至水分完全被吸收。

4 離火，燜 10 ～ 15 分鐘，用叉子翻鬆米粒，以九層塔為裝飾。

 多一味

泰式豆芽花生沙拉
Thai Bean Sprout & Peanut Salad

1. 豆芽 150 克放入沙拉碗裡，加入切薄片的黃瓜 ½ 根、切絲的青蔥 3 根、切細末的紅辣椒 1 根、切成細條狀的紅蘿蔔 1 根和少許薄荷葉、九層塔葉一起混拌為沙拉。

2. 泰式魚露 1 大匙、萊姆汁 1 大匙和龍舌蘭糖漿 1 小匙混和製成醬汁，上菜時，將醬汁淋在沙拉上，拌勻並撒上切碎的烤花生 50 克。

泰式豬肉四季豆飯
Thai Rice with Pork & Beans

🕐 準備時間：15 分鐘

🍵 烹製時間：15 ～ 20 分鐘

👫👫👫

材料

花生油 1 大匙

泰式紅咖哩醬 2 ～ 3 大匙 (作法見第 13 頁)

豬里脊瘦肉 375 克 (切薄片)

蛇豆或四季豆 250 克 (切成 2.5 公分長)

棕櫚糖或紅糖 15 克

泰國香米冷飯 750 克

泰式魚露 1½ 大匙

鹽少許

卡菲爾萊姆（青檸）葉 3 ～ 4 片

(切絲，裝飾用)

作法

1 取炒鍋或大的平底煎鍋倒入油以中火加熱，翻炒咖哩醬 3 ～ 4 分鐘或至有香味，加入豬肉翻炒 4 ～ 5 分鐘。

2 放入四季豆、糖，續翻炒 4 ～ 5 分鐘，加入飯、魚露，繼續翻炒 3 ～ 4 分鐘，將炒飯均分在 4 個溫熱的盤子上，以萊姆葉絲裝飾。

🍲 多一味

香料蔬菜飯
Rice with Spicy Vegetables

1.取大炒鍋或平底煎鍋倒入花生油 1 大匙以中火加熱，翻炒泰式紅咖哩醬 2 ～ 3 大匙約 3 ～ 4 分鐘或至有香味。

2.放入混和的甜豆和小玉米 625 克入鍋，翻炒 3 ～ 4 分鐘，加入泰國香米冷飯 750 克和淡醬油 2 ～ 2½ 大匙，續翻炒 3 ～ 4 分鐘或至米飯溫透。

番茄茴香飯
Tomato & Fennel Rice

🕐 準備時間：20 分鐘，加浸泡和燜的時間

⏱ 烹製時間：約 20 分鐘

👨👨👧👧

材料

印度香米 275 克

葵花籽油 3 大匙

紅蔥頭 4 顆 (切細末)

茴香籽 2 小匙

大蒜 2 瓣 (切細末)

熟番茄 4 顆 (去皮、去籽、切細丁)

熱水 500 毫升

新鮮香菜（芫荽）2 大匙 (切細末)

鹽和胡椒少許

作法

1 將米放入冷水中掏洗數次，浸泡 15 分鐘後充分瀝乾。

2 取厚底深平底鍋倒入油加熱，紅蔥頭、茴香和大蒜入鍋炒 4 ～ 5 分鐘；加入番茄和瀝乾的米翻炒 2 ～ 3 分鐘。

3 倒入熱水，蓋緊鍋蓋，調小火煨煮 10 分鐘 (不要掀蓋，因為這道程序需要蒸汽)。

4 鍋子離火，燜 8 ～ 10 分鐘，用叉子翻鬆米粒，拌入新鮮香菜，立即上桌。

 多一味

櫻桃番茄杏仁飯
Cherry Tomato & Almond Rice

以等量粗略壓碎的香菜籽取代茴香籽，並用切半的櫻桃番茄 250 克代替番茄丁，翻鬆米粒時加入烘烤過的杏仁片 2 大匙。

200道
健康咖哩輕鬆做

濃郁湯品╳辛香料沙拉
開胃小點╳美味麵食

SANYAU
http://www.ju-zi.com.tw
三友圖書
友直 友諒 友多聞

國家圖書館出版品預行編目 (CIP) 資料

200 道健康咖哩輕鬆做：濃郁湯品 ╳ 辛香料沙拉
╳ 開胃小點 ╳ 美味麵食 / Sunil Vijayakar 作；
陳愛麗譯 . -- 初版 . -- 臺北市：橘子文化 , 2015.01
面；　公分
ISBN 978-986-364-043-1 (平裝)

1. 食譜
427.1　　　　　　　　　　　　103026354

First published in Great Britain in 2013
under the title 200 HEALTHY CURRIES
by Hamlyn, an imprint of Octopus
Publishing Group Ltd
Copyright © Octopus Publishing Group Ltd
2013
All rights reserved
Complex Chinese translation rights
arranged with Octopus Publishing Group

作　　者	蘇尼爾‧維查耶納伽爾（Sunil Vijayakar）
譯　　者	陳愛麗
發 行 人	程安琪
總 策 畫	程顯灝
總 編 輯	呂增娣
主　　編	李瓊絲、鍾若琦
執行編輯	吳孟蓉
編　　輯	程郁庭、許雅眉、鄭婷尹
美術主編	潘大智
執行美編	李怡君
美術編輯	劉旻旻、游騰緯
行銷企劃	謝儀方
發 行 部	侯莉莉
財 務 部	呂惠玲
印　　務	許丁財
出 版 者	橘子文化事業有限公司
總 代 理	三友圖書有限公司
地　　址	106 台北市安和路 2 段 213 號 4 樓
電　　話	(02) 2377-4155
傳　　真	(02) 2377-4355
E－mail	service@sanyau.com.tw
郵政劃撥	05844889 三友圖書有限公司
總 經 銷	大和書報圖書股份有限公司
地　　址	新北市新莊區五工五路 2 號
電　　話	(02) 8990-2588
傳　　真	(02) 2299-7900
製　　版	倚樂企業有限公司
印　　刷	鴻海科技印刷股份有限公司
初　　版	2015 年 1 月
定　　價	新臺幣 350 元
I S B N	978-986-364-043-1 （平裝）